U0188103

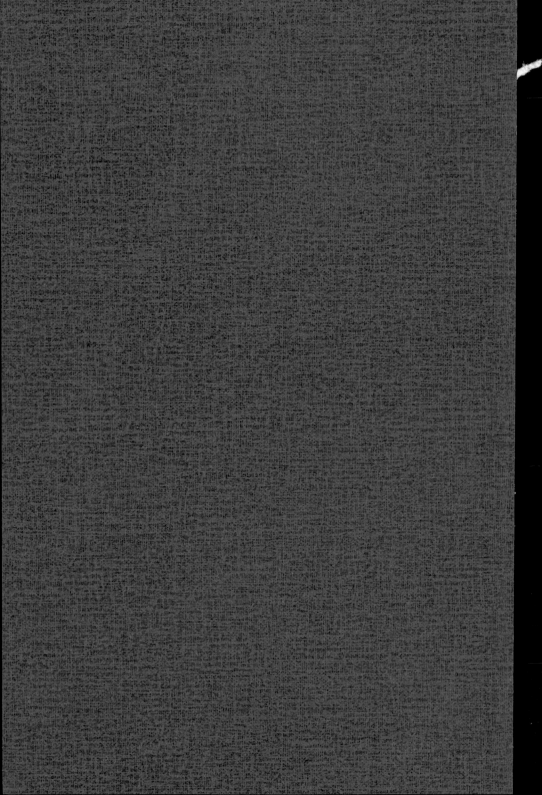

时尚与服饰研究
——质性研究方法导论

Doing Research in Fashion and Dress
——An Introduction to Qualitative Methods

〔日〕川村由仁夜（Yuniya Kawamura） 著

袁 辉 译

重庆大学出版社

献给我已故的父亲，川村悠亚（Yoya kawamura）

目录

ACKNOWLEDGMENTS

致谢

　　我首先要感谢布鲁姆斯伯里出版社（Bloomsbury）给我机会撰写本书第 2 版修订版。我也非常感激各位匿名审稿人提出的积极的、具有建设性的反馈意见。我已将他们的意见写入了新版之中，从而使本书对那些对时尚与服饰（fashion and dress）研究感兴趣的人更有用。我希望这一版能鼓励更多的学生和青年学者对时尚与服饰进行更深入的研究。

　　我对 Tsutomu（Tom）Nakano 教授和他在日本青山学院大学（Aoyama Gakuin University）商学院的同事邀请我担任客座教授一事也非常感激，他们为我提供了研究设施和帮助，让我得以在 2019 年夏季完成第 2 版的手稿。

我要感谢布鲁姆斯伯里出版社的 Georgia Kennedy 和 Faith Marsland，感谢他们通过电子邮件和 Skype 给我提供支持。本书是我在布鲁姆斯伯里出版社出版的第七本书，与他们的编辑团队一起工作一直是一件愉快的事，他们的付出使整个出版过程从头到尾都高效而顺利。

我还要感谢我的同事们，特别是 FIT 社会科学系的 Jung-Whan（Marc）de Jong 和 Joseph Maiorca，感谢他们的鼓励。每当我需要暂停写作，转移注意力以便休息的时候，纽约的 Laura Sidorowicz 和冲绳的 Satoko Ie 便常与我保持联系，我对他们的友谊和耐心表示谢意。

我要向我的家人 Yoko Kawamura 和 Maya Kawamura 表示最深切的感谢，他们一直是我最给力的啦啦队员。我把这本书献给我故去的父亲 Yoya Kawamura，当他在 2018 年 1 月去世的时候，我正在修改这本书的大纲。如果他能看到这本书的完成，他会非常高兴和自豪的。

川村由仁夜（Yuniya Kawamura）

写于纽约和东京

前言

目标

- 追溯时尚 / 服饰研究的历史
- 区分与时尚 / 服饰相关的争论、理论和实证研究
- 了解学者（尤其是社会科学家）何时以及如何对时尚 / 服饰研究产生兴趣
- 认识定义和使用中性的文化术语的重要性
- 考察使时尚 / 服饰研究成为符合学术规范的学科的方法
- 探索时尚 / 服饰研究的跨学科方法

　　自 2011 年本书第 1 版出版以来，时尚与服饰方面的学术研究活动持续发展，并已取得了很大的进展。由于诸多机构和个人对这一学术研究领域的贡献，这棵学术之树已开始生根发芽。在本书的第 2 版修订版中，我更新了文献，在保留该领域中有价值的案例研究的同时，在每一章增加了最新研究。此外，本书还增加了关于在线研究的新章节。

我写作本书是希望时尚 / 服饰研究成为一门公认的学术学科，因为包括我在内的许多时尚 / 服饰学者一直为此目标而坚持努力。学者和专业研究人士（Kawamura 2005；Lipovetsky 1994；McRobbie 1998；Niessen and Brydon 1998；Palmer 1997；Ribeiro 1998；Taylor 2004）都知道，学术界往往认为时尚 / 服饰[1]作为一个研究主题不够严肃，将其视作边缘研究领域，不值得为之进行深层次的思考。时尚 / 服饰之所以没有得到学者们所希望的重视，其中一个原因是时尚 / 服饰研究没有明确的理论框架和方法策略。特别是当它被视为一个抽象的概念而不是服装的原材料时，我们没有认识到研究时尚 / 服饰时可以在各种方法和研究工具中进行选择。我们必须努力使时尚 / 服饰研究成为一个学科，能够独立存在，并使之成为一个类似于性别研究、文化研究或媒体研究的研究领域，超越学科界限，拥有适合自己研究目标的跨学科方法。

自从时尚在欧洲成为一种现象，早在 13 世纪就有不同的作家对时尚与服饰产生了兴趣。但将时尚 / 服饰作为一种知识主题和一种要求经验主义和客观性的社会科学研究是最近才开始的。在成为学者，特别是社会科学家的理所当然的研究课题之前，它是哲学家和道德学家经常讨论的话题，但他们没有就此提供任何经验数据或事实证据。时至今日，社会学、心理学、文化人类学等社会科学领域尚未对时尚 / 服饰研究的方法进行深入探讨。

在 2011 年本书第 1 版出版时，除了 Lou Taylor 的《构建服装史》（*Establishing Dress History*，2004）和《服装史研究》（*The Study of Dress History*，2002）这两本包含丰富资料、关注时尚服饰史中基于对

象的研究的书之外，几乎没有专门关于时尚/服饰质性研究方法的文献。而 Flynn 和 Foster 的《时尚产业研究方法》（*Research Methods for the Fashion Industry*，2009）一书，其阅读对象主要是时尚产业的专业人士和从业人员。由于缺乏方法论的资料和文献，许多学者和学生都不愿意选择时尚/服饰作为研究主题。本书的出版就是为了填补这一空白。通过本书，我希望给时尚/服饰研究提供实用的研究程序和研究过程，从而使其能在学术界获得应有的价值和尊重。尽管我们看到越来越多的社会科学质性研究方法的教材和文献，但几乎没有一本是专门为时尚/服饰学术研究而编写的。

最近，我们看到研究方法的种类明显增多，在时尚与服饰领域尤其如此。Jenss 编辑了一本关于时尚研究中各种方法的论文集:《研究方法、网站和实践》（*Research Methods*，*Sites*，*and Practices*，2016），Gaimster 撰写了《时尚中的视觉研究方法》（*Visual Research Methods in Fashion*，2015），并在书中考察了视觉材料的使用，这对设计从业者和学生都很有用。

当我们进行研究时，我们需要使研究具有经验性、学术性和科学性。这本书不是为时尚界的从业者准备的，但对任何想要用质性研究方法从经验的和客观的角度来研究时尚/服饰的人来说，它都可能很有用。我在书中对时尚/服饰研究中常见的主要质性方法工具进行了阐述。有研究者认为，只有当研究方法是量化的而不是质性的时候，研究才被认为是科学的，但正如本书后几章所指出的，有些描述性的数据只能通过质性研究方法才能获得。

本书提供了质性研究方法的指导与介绍，通过理论和实践相结合的方式为读者提供有关时尚 / 服饰相关研究的背景材料，以及怎样才算"最好的实践"。对于在实践中如何应用特定的研究方法，本书还提供了循序渐进的指导，指出了研究过程中哪些因素可以忽略，哪些不可忽略，以及每种方法的优缺点。为能更好地理解开展时尚 / 服饰研究需要什么，我们需要参考与时尚服饰相关的重要研究，因为在这些研究中研究者指出了他们所采用的方法。在本书中，我特意选择了那些对研究方法进行了清晰而详尽解释的研究案例，这些研究也都是在全球视角下开展的。

——— 时尚与服饰研究的历史 ———

无论富贵或贫穷，年老或年少，男人或女人，每个人总是对时尚，即人们在某一时刻的穿着方式感兴趣。甚至在社会科学出现之前，在各种出版物中，例如图书、报纸、期刊等，作者们已开始选择时尚 / 服饰作为主题之一。在书中，我追溯了时尚以及时尚 / 服饰研究中的关注点的发展历史，论证了知识界不同领域在其中的贡献，然后仔细分析了这些研究问题是如何从简单的评论、描述性文章、关于时尚 / 服饰的趣闻轶事等转向实证科学研究的。

时尚 / 服饰研究的历史可以分为三个阶段：（1）对时尚 / 服饰的兴趣和争论仅作为讨论的主题；（2）关于时尚 / 服饰话语和理论的学术著作开始出现；（3）采用社会科学中的特定研究方法对时尚 / 服饰进行实证研究。

以时尚 / 服饰为讨论主题时，其中的关注点与争论

时尚一直是许多古典作家和小说家长期的兴趣所在，但许多时尚研究者仍然认为时尚是一个相对较新的主题。根据 Johnson，Torntore 和 Eicher（2003：1）的观点，广大研究者已经开展了对时尚与服饰的研究，并呈现出多学科特色。他们认为学术界对时尚的兴趣不是最近才形成的。[2]1575 年，米歇尔·德·蒙田（Michel de Montaigne），当时最早的服饰作家之一，首先提出了为什么人类要穿衣服的疑问。对时尚 / 服饰的关注显然是与时尚这一现象同时出现的，时尚作为现象最早出现在意大利，而后移至法国（Laver 1995［1969］；Lipovetsky 1994；Perrot 1994；Steele 1985）。在历史文献中，人们发现了大量关于时尚 / 服饰的记录。

例如，法国社会评论家、政治思想家查尔斯·德·塞尔沃特·孟德斯鸠（Charles de Secondat Montesquieu，1689—1755）在《波斯人信札》（*Persian Letters*，1973［1721］）中写了巴黎时尚的迅速变化（第九十九封信）："一个妇人离开巴黎到乡间去居住半年，回来时，古色古香的程度不下于在乡间蹉跎了 30 年。儿子不认识母亲的画像，因为画中的衣裳对他而言是那样的陌生。"[1]1831 年，英国哲学家托马斯·卡莱尔（Thomas Carlyle）解释了时尚 / 服饰的功能，并说服装的首要目的不是为了温暖或谦逊，而是装饰，这被认为是一种普遍的做法。

虽然一些作家不欣赏时尚并谴责之，但仍然挡不住许多法国小说

---

[1]   此段译文引自人民文学出版社 2020 年 4 月出版的，由罗大冈翻译的《波斯人信札》。——译者注

家和哲学家在他们的作品中对时尚进行讨论。让 - 雅克·卢梭（Jean-Jacques Rousseau，1712—1780），简单生活的倡导者，奢侈品和时尚的反对者，在他的《科学与艺术评论》（*Discours sur les sciences et les arts*，1997［1750］）中写道，时尚摧毁了美德，掩盖了恶习，时尚对人们的道德产生了负面影响。而法国作家和诗人，如奥诺雷·德·巴尔扎克（Honoré de Balzac，1799—1850）和夏尔·波德莱尔（Charles Baudelaire，1821—1867）则都支持时尚，并对其进行了积极的描写。无论作家们认为时尚是道德的还是不道德的，是轻浮的还是不轻浮的，值得注意的是，他们都十分关注时尚现象。然而，这些作品并没有提供任何理论框架或暗示，我们只看到了时尚现象，以及对时尚的兴趣和对时尚的骚动。

时尚 / 服饰话语和理论中的学术关注点

在 19 世纪下半叶工业革命期间及之后，时尚的变革越来越快，学者们开始对时尚 / 服饰这一研究主题产生了兴趣。西方世界的社会结构在 18、19 世纪发生了巨大的变化。人口激增、生产力飙升和货币经济发展，导致商业扩张、技术进步和社会流动的出现。缝纫机的发明使人们能够以较低的成本大量生产时髦服装，这在过去都是靠手工制作，费时且昂贵。随着时尚在整个欧洲的日益公平化和普及，它引起了大众极大的关注，同时也改变了人们及学者对时尚 / 服饰的看法。与服装历史有关的出版物开始在法国出版，如基什拉（Quicherat 1877）和拉西内（Racinet 1888）撰写的书。

20 世纪初，当社会和行为科学成为一门学科时，人类学家和心理学家最先感兴趣的问题之一便是"人为什么要穿衣服?"为了回答这一基本问题,人们提出了许多理论解释。例如,Hiler(1930:1-12)提出了经济理论、占有理论、性吸引理论、图腾理论和护身符理论等来解释服装的起源。其他人可能使用了不同的术语,如端庄/不端庄理论、装扮/装饰理论及保护理论,他们在解释时尚(fashion)而非服装(clothing)的起源上与 Hiler 的解释重合。

一些学者在 19 世纪末和 20 世纪初奠定了古典时尚理论的坚实基础。[3] 对 Simmel(1957[1904])和 Veblen(1957[1899])来说,时尚是用来区分自己与他人的,它使一个群体将与自己穿着风格相似的包容其中,而将不同的排斥在外。这种阶层包容和排斥就像一枚硬币的正反面。Sumner(1940[1906])和 Toennies(1961[1909])把时尚现象看作社会习俗的衰落。在时尚创意和审美表达空间很小的情况下,社会习俗支配和决定着我们的着装。与之相对,随着社会习俗的弱化,时尚开始繁荣起来,人们开始渴望社会差异,这就是时尚的开始。Tarde(1903)将时尚看作创新、模仿和对抗的循环。当一个创新事物出现后,模仿使其获得传播,然而一旦被模仿,另一个创新事物又开始出现,这是一个恒定的循环过程。一些古典时尚理论家对时尚的看法主要建立在对时尚的涓滴理论(trickle-down theory)之上,即模仿(Simmel 1957[1904];Sumner 1940[1906];Tarde 1903;Toennies 1961[1909];Veblen 1957[1899])。有一点很清楚,他们关注的不是服饰或服装,而是"时尚",他们把时尚等同于模仿。模仿或模仿行为需要两个方面:模仿者和被模仿者。两者之间存在着社会关系。虽然学者们的侧重点可能各有不同,但他们都认为时尚是一个模仿的社会过程。

进一步而言，虽然这些研究并非实证性的，但古典时尚理论家对时尚／服饰的研究做出了重要贡献，他们的贡献一直被视作时尚／服饰研究的起点。[4] 时尚／服饰研究者开始慢慢地将注意力从基于对象的研究（object-based research）中移开（Taylor 2004），这类研究仅关注有形的服装。古典时尚理论家对时尚这一观念进行了理论化和概念化，并各自从独特的视角探讨了时尚的社会学意义。这有助于我们理解时尚在 19 世纪末究竟意味着什么。然后我们可以将当代对时尚的理解和时尚的经典诠释进行比较，在他们提出的理论基础上，我们可以审视时尚是如何变化和演变的。这些都可能有助于我们进行各种实证研究，构建一个或多个新的时尚理论来解释当今的时尚。

社会科学中关于时尚／服饰的实证研究

虽然经典的时尚研究往往是理论性的和话语导向的，但 20 世纪的时尚／服饰研究却越来越实证化。随着对方法论的探索，相关研究开始从理论假设向实证研究转变。许多学者认为，西方社会在过去几十年经历了一个转型期，人们的消费模式发生了明显的变化。消费者的口味和偏好越来越多样化，时尚也是如此。以前很容易找到时尚的源头并进行定义。但随着新的社会结构开始形成，随着科技的出现，时尚资讯通过多种媒体源以惊人的速度在各个地方传播，不仅有垂直传播，还有水平传播。时尚不能只依靠之前所说的模仿概念或涓滴理论来解释了。

根据 Roach-Higgins 和 Eicher（1973：26-27）的研究，直到最近，社会科学家才开始对服饰和时尚感兴趣。在 20 世纪 20 年代末和 30 年代，人们对有关服装的心理学含义、社会含义和文化含义的出版物产生了极大的兴趣。这种兴趣无疑与当时普遍存在的与传统的决裂有关，这在女性服装中尤其典型（Roach-Higgins and Eicher 1973：29-30）。由于社会科学研究大多是实证研究，因此时尚研究也成为实证研究，这需要研究者有扎实、科学的方法策略。没有方法，就没有实证主义；没有实证主义，就没有关于时尚 / 服饰的社会科学层面的研究。

1919 年，Kroeber 测量了时装样片（fashion plates）上的女装插图，这些插图是对女装风格的理想化描述。这是一种早期且少见的研究时尚 / 服饰的量化方法。1922 年，Radcliffe-Brown 对印度孟加拉湾附近的安达曼群岛居民进行了实地考察，探讨了人们与用来装扮和装饰人体的饰品 / 护身符之间的关系。个人饰品有两个功能：保护和展示。1924 年，Bogardus 研究了时尚的含义，并在《应用社会学杂志》（*Journal of Applied Sociology*）上发表了论文，他的成果来自一项长达 10 年的研究。1930 年，Hiler 发表了他的作品，他的研究建立在 1 000 份与服装和饰品相关的参考资料之上，这些参考资料来自众多别的学科。

20 世纪 30 年代末，Young（1937）对时尚趋势进行了统计分析，她发现存在固定的可预测的模式。她回顾了时装样片和杂志上的历史证据。根据 Young（1937）的说法，每 38 ～ 40 年，裙装结构（skirt silhouettes）会出现三个明显的循环周期。因此，时尚潮流会反复出现。Harni 在他的实证研究中采用了个案研究的方法，探讨了拜物教、异装癖和文身等问题（1932）。

20 世纪 40 年代和 50 年代的时尚 / 服饰学者开始关注服装的社会和心理层面。20 世纪 60 年代，对时尚 / 服饰的研究变得更加复杂和更具实证色彩（Horn 1968；Ryan 1966）。在人们首次从心理学角度对服装表现出兴趣大约 50 年之后，1965 年 Rosencranz 研究了人类与服装选择有关的复杂的动机（1965）。

Blumer 是最早否定 Simmel，Veblen，Spencer 和 Tarde 等古典时尚理论家提出的模仿理论或时尚的阶级分化（class differentiation）模式的学者之一。Blumer 在巴黎进行了一项民族志研究（Blumer，1969a），他得出的结论是，模仿理论在解释 16 世纪、17 世纪或 18 世纪的时尚时可能是有效的，但不能解释当代的时尚。他采访了设计师、买家和其他在巴黎时装界工作的时尚专业人士，认为时尚已不再是源自上层然后流向大众。时尚是一种集体活动、一种集体品味。设计师的工作是准确预测下一季的集体品味。许多追随 Blumer 的当代作家，如 Davis（1992）和 Crane（2000）也都否定了时尚的模仿理论。

当代时尚 / 服饰研究需要更加具有实证性，同时清楚地阐明使用了哪些方法以及如何进行研究。此外，研究不应被时尚杂志或互联网上与时尚有关的信息分散注意力，这些信息往往缺乏客观性，不过若把这些材料当作研究对象则另当别论。人们很容易接触时尚和获得时尚资讯，因此，必须谨慎地收集可用于时尚 / 服饰研究的数据。

——— 术语的使用 ———

当我们回顾和分析关于时尚 / 服饰的各种实证研究时，我们需要了解其中术语的定义，例如时尚（fashion）、服饰（dress）、衣服（clothes）、成套服装（costume）等。与待评论主题相关的变量有很多，不同的作者会使用不同的名称定义。在进行文献综述的时候，需要考虑这些差异，本书第 2 章"研究过程"将对此进行讲解。在研究时尚 / 服饰时，许多研究者经常交替使用"时尚"（fashion）、"服饰"（dress）和"服装 / 衣服"（clothes/clothing），而也有人试图清晰地区分这些术语。因为作者和研究者对同一术语的含义有不同的理解，所以澄清这些术语的定义和用法是很重要的。

当我们开始研究时，我们需要对一个术语给出一个明确的定义。这是因为对于时尚和服饰，每个学科有自己的研究方法和视角，并且有些学科可能在文化上或性别上具有特殊性。虽然在创建定义时很难保持中立的立场，但注意到这一点是进行客观、无偏见研究的关键。

第一，我们需要考察的是，作者所说的时装（fashion）是否是一个与服饰（dress）、成衣（apparel）、成套服装（costume）或制服（garb）等不同的独特的概念，还是将其视为上述概念的近义词，并与时尚（fashion）这一概念具有松散联系。一些学者甚至可能选择不使用"时尚"（fashion）一词，因为他们意识到这个词具有特定的含义。第二，必须让读者明白，"服饰"（dress）一词并非我们日常用语中指代妇女穿着的服饰（dress）。对那些从学术角度来研究服饰（dress）的人来说，服饰（dress）还包括对身体的修饰，比如疤痕和文身以及与衣服相关的装饰（sartorial covering）（Johnson，Torntore and Eicher 2003：1）。

Baudrillard（1972）认为，"时尚（fashion）"是最令人费解的现象之一。爱德华·萨皮尔（Edward Sapir 1931：139）还解释说，可以通过指出它在内涵上与其他一些含义相近的术语的不同来澄清"时尚（fashion）"一词的含义。

当一个词语出现在词典里时，就非常明显地表明这个词在社会中得到了广泛的使用。词源学家和历史语言学家指出，大约在 1300 年，对风格、时尚或穿着方式的感觉首次被记录下来。《20 世纪时尚词典》（*The Dictionnaire de la mode au XXe siècle*，Remaury 1996）更具体地指出，法语时尚"Mode"一词的意思是集体着装方式，该词最早出现在 1482 年。显然，那个时候已经出现了时尚现象。"Mode"一词源自拉丁语 modus，该词在英语及法语中的意思是态度（manner）。到 15 世纪末，时尚一词有了现在用法的含义，惯用于指代在上层社会所观察到的衣着或生活方式。英语单词"fashion"最初来自拉丁语单词 facio 或 factio，意思是制作或做（Barnard 1996；Brenninkmeyer 1963：2）。根据 Brenninkmeyer（1963：2）的说法，时尚一词所包含的主流的社会观念形成于 16 世纪早期，源自对服装制作的一种特别的态度。关于时尚是什么时候诞生的，人们的看法是相互矛盾的。Heller 解释道：

> 学者们，特别是从事艺术和服装史的学者，讨论后承认，时尚真正诞生于 1350 年之后。熟悉 12 世纪和 13 世纪古法语文学的人可能会对此感到吃惊，因为在那个时代的书中就有对流行服装（fashionable clothing）的简洁描述。
>
> 13 世纪的文学作品中大量关于男性贵族角色的时尚的描写，表明男人在整个中世纪都处于消费和展示的前沿。（Heller 2007：4）

　　时尚存在于生活的许多领域，不仅存在于我们的衣着方式之中，还存在于如食品、家装等许多其他领域之中，甚至存在于我们的思维方式之中。然而，大多数情况下，当时尚（fashion）作为一个讨论话题出现时，其焦点就是服饰（dress）。时尚（fashion）往往代表着服装的时尚（clothing-fashion），即社会上大多数人所采用和追随的、最流行、最新潮的服装。时尚确实不仅仅包括服装，不过我在本书中提到的研究则大多是关于服装的时尚和其他与服装相关的东西，如配饰和装饰品。

文化中性词：避免欧洲中心主义和民族中心主义

　　根据 Eicher 和 Roach-Higgins（1992：1-28）的观点，词汇所包含的含义和内涵可能已经充满了民族中心主义和偏见。为了避免民族中心主义和偏见，学者建议使用身形补充（body supplements）和身形修饰（body modifications）而不是面罩（veil）等具有特定文化含义的术语，他们进一步寻找最适合描述非西方服装的术语。"非西方"一词已包含了偏见，它意味着虽不是西方但使用西方作为标准。像"农民装"（peasant dress）或"乡民装"（folk dress）这样的词听起来也不合适。中性的术语是"民族/族群服饰"（ethnic dress），它意指一个人属于一个种族群体，在这个群体中，价值观、规范、传统和信仰以及许多其他特征是相同的。

　　Eicher，Evenson 和 Lutz 提出了一个具体的服装分类体系和他们对服装的定义。他们解释说（Eicher et al. 2014：4）："我们对服装的定义是身形补充和身形修饰，它不仅包括服装，甚至还包括服装和配饰。

我们的定义包括了穿衣的方式。除了遮盖我们的身体外，我们还通过使用化妆品（无论是颜料还是粉末）在皮肤上涂上颜色，通过文身来涂上颜色和图案。"他们将增加气味、改变味道和发出声音作为"服饰"（dress）概念的一部分。穿着者和观察者通过视觉、触觉、嗅觉、听觉和味觉等五种感官来感知一个人的整体着装特征。他们解释说，身形修饰是指对身体进行与这五种感官有关的改变，而身形补充则是指出置于身体外部的物件，如欧美人常认为的衣服就是其中一种（Eicher et al. 2014：6）。这种分类系统有其优点（Eicher et al. 2014：25-28）。

——— 使时尚／服饰研究成为符合学术规范的学科的方法 ———

19 世纪社会科学还处于发展初期时，学术界还尚未细分为不同的专业领域。例如，我们知道赫伯特·斯宾塞（Herbert Spencer，1820—1903）是一位社会学家，他的著作不仅包括社会学，还包括生态学、哲学、经济学等。卡尔·马克思（Karl Marx，1818—1883）的著作涉及哲学、经济学、法学和政治学等诸多领域。学术学科在 19 世纪开始分化，随着社会科学领域的不同学科的诞生，高校的不同院系、学科之间的界限变得更加清晰。

社会科学中的时尚／服饰研究涉及人类学、经济学、历史学、政治学、心理学、社会学、传播学、文化学、传媒学和女权主义研究等方面。直到 20 世纪 90 年代，学者们经常将贬低时尚／服饰的学术价值作为一个话题（topic）。Niessen 和 Brydon（1998:ix-x）写道："很长一段时间，时尚与服饰在学术上都是不值得谈论的话题。"根据 Niessen 和 Brydon

（1998：x-xi）的说法，在 20 世纪 50 年代和 60 年代，不同的写作者
（writers）慢慢地在理论上开始重视那些结合身体装饰来诠释其思想和
行为的人。同样地，Taylor（2002：1）写道："在欧美，服装史四百年
的发展都是在'学术崇尚'之外发生的，这种残余的偏见仍是有争议
的话题。"McRobbie（1998：15）试图反抗对时尚 / 服饰研究的学术贬低，
并写道："[这] 是基于这样一种假设，即时尚尽管处于微不足道的地位，
但却是一个值得研究的学科。"Lipovetsky 也认为：

> 在知识分子中，时尚话题并不流行……时尚在博物馆里是很有
> 名的，但在严肃的理性思考中，它的地位微不足道。在街上、工业
> 界和媒体中，时尚随处可见，但在思想家的理论研究中它却没有一
> 席之地。

将其视为本体论和社会学中的次等领域没有问题，至多就是认
为它不值得探究；但将其视为肤浅的问题，则会阻碍概念方法的发展
（Lipovetsky 1994：3-4）。

为了创建时尚 / 服饰研究这一学科，我们需要对研究进行定义并
解释研究包含什么内容。

我在自己的《时尚研究导论》（*Fashion-ology: An Introduction to
Fashion Studies*，2005）一书中提出了将"时尚学"（Fashion-ology）
作为一门新的学科，这是对时装社会学的另一个叫法。时尚研究可能
包括对服饰（dress）、成衣（apparel）、服装（clothes）、配饰（accessories）、
鞋子（shoes）和化妆品（cosmetics）的研究。我专门介绍了一个理论

框架，这正是对"时尚"（fashion）的概念、理念或现象的研究。我明确提出"这既不是对服饰（dress）的研究，也不是对服装（clothes）的研究，也就是说，时尚（fashion）和服饰／服装（dress/clothing）是不同的概念和实体，可以或者应该将它们区别开来研究"（Kawamura 2005：1）。我将时尚学定义为对时尚的社会学研究，它将时尚视为产生时尚概念和时尚现象／实践的制度体系。并不是所有的时尚社会学研究都像我一样关注制度因素，我主要关注的是时尚在生产、分销、传播、接受、采纳和消费方面的社会性质。我对20世纪70年代和80年代在巴黎时装界获得成功的日本著名设计师的实地调查研究（Kawamura 2004），支持了我的时尚学理论，相关内容在第4章"调查方法"中有进一步的讨论。不是所有的时尚学者都很明确地表示他们关注的是时尚（fashion）而不是衣服（clothing）或服饰（dress），但有部分学者暗示他们是这样做的。

即使在21世纪，时尚或服饰作为一个研究课题也不是学术界的主流。时尚／服饰学者需要思考提升其学术地位的策略和方法。人们轻视它的原因之一就是时尚／服饰研究中缺乏方法论的研究。因此，在本书中，我会探讨几种方法策略，以便让时尚／服饰在社会科学领域中获得与其他学术领域一样的地位。

对时尚／服饰研究的跨学科贡献

学科经常限于专业范围，学者们趋于排斥其他学科的人，这在不同研究领域之间造成了严重的和令人不快的裂痕，所以必须避免这种情况的发生。O'Connor 解释道：

　　文化研究和社会学试图利用简单化的现代范式将人类学家排除在时尚研究之外，这种范式如下：西方时尚是变化的并且是现代的；非西方服装是固定的、传统的，不会改变。因此，可以断言，人类学家对现代西方时尚没有发言权。（O'Connor 2005：41）

　　然而，这种思维方式现在被支持跨学科努力的新理念所取代。社会科学和人文学科的一些学科有助于我们理解和分析服装（clothing）和人类行为。因此，我们可以把时尚 / 服饰研究视为一个跨学科的知识领域，理论和研究结果跨越传统学科界限而出现，可以整合并与多种不同的方法策略合作。

　　从 20 世纪 60 年代末期开始，诞生了一系列时尚 / 服饰界的学术期刊，例如 1967 年创刊的《服装：英国服装学会会刊》（*Costume：Journal of the Costume Society of Great Britain*），1975 年创刊的《服饰：美国服装学会会刊》（*Dress：The Journal of the Costume Society of America*），1982 年创刊的《服装与纺织研究》（*CTRJ，Clothing and Textile Research Journal*）。1997 年创办的《时尚理论：服饰、身体与文化杂志》（*Fashion Theory：The Journal of Dress，Body and Culture*），是一本开创性的跨学科刊物，它是一本需进行同行评审的季刊。与时尚相关的新的学术期刊不断创刊：《电影、时尚和消费》（*Film，Fashion，and Consumption*, 2012—）、《服装文化》（*Clothing Cultures*, 2014—）、《时尚、风格和流行文化》（*Fashion, Style & Popular Culture*, 2014—）和《男性时尚研究评论》（*Critical Studies in Men's Fashion*，2014—）。

此外，2006 年在 Erling Persson 家族基金会的资助下，斯德哥尔摩大学（Stockholm University）成立了时尚研究中心，该中心提供时尚研究的学士、硕士和博士学位。纽约城市大学（CUNY）的研究生中心（Graduate Center）有关于时尚的跨学科研究项目，并提供相关的博士学位课程。纽约的新设计学院（The New School for Design）推出了一个为期两年的时尚研究硕士课程，纽约的时尚技术学院（Fashion Institute of Technology，FIT）现在有两个与时尚相关的人文辅修科目：（1）时尚历史、理论和文化；（2）全球背景下的民族服装。纽约大学（New York University）和 FIT 都分别在服装研究（Costume Studies）、时尚（fashion）和纺织研究（Textile Studies）方面设有硕士学位。2017 年巴黎时装学院（École Nationale de Mode et Matière）成立了一个多学科的两年制硕士课程，法国时装学院（IFM）增加了一门时装理论和实践的博士课程。

时尚 / 服饰学者需要从文化研究、女权主义研究和媒体研究中学习很多东西，这些研究都可以被描述为跨学科领域研究，因为其中混合了文化人类学、人类学、文学、符号学、社会历史学和社会学等的概念和方法，这些研究对文化艺术品（cultural artifacts），包括服饰（dress）和衣服（clothing）的产生和复制感兴趣。虽然学者们经常提出和支持时尚与服饰研究的跨学科性质，但新近出版的新书《服饰和时尚人类学》（*The Anthropology of Dress and Fashion*，Luvaas and Eicher 2019）中却只汇编了人类学家单独撰写的文章。这可能会带来新的启发，并引发更多有趣的讨论。

世界时装 / 服饰研究现状

Peters 和 Pecorari 在《国际时尚研究杂志》（*The International Journal of Fashion Studies*）上编辑了一本关于"时尚研究状况"（State of Fashion Studies）的特刊（2018），调查了时尚研究的理论、方法和教学方面的发展趋势。该特刊从全球角度审视了理论和方法的新进展，并从各种视角，如服装（clothing）和时尚（fashion）的生产、消费、传播、分销和表现等，探讨了时尚研究的现状。 他们还讨论了时尚研究中的跨学科和多学科特性，以及在该领域中方法和理论的建立（Peters and Pecorari 2018：7-11）。通过考察该领域的现状，时尚学者发现重要的学术成就来自不同的国家，如日本（Fujishima and Sakura 2018）、巴西（Rainho and Volpi 2018）和瑞典（Wallenberg 2018），他们对此感到乐观。至于如何推进本领域，虽然找到解决方案并非易事，但持续的讨论、辩论和对话可以让本领域生机盎然，就这点而言，时尚（fashion）和服饰（dress）学者已步入正道，朝着正确的方向前进。正如 Granata 所言（2012：75）："我们需要继续讨论的问题是，时尚研究是一门学科还是一个跨学科研究领域，时尚作为一门学科其制度化是否有必要。"

本书大纲

本书旨在面向任何学科的学生，但特别是社会科学专业中那些正在使用质性研究方法对时尚／服饰进行学术研究的学生，介绍时尚／服饰研究中的质性研究方法。此外，那些研究时装设计和从商业角度研究时尚的人，如从事展销和市场营销的人员也可以从本书中受益，因为本书指明了进行研究和了解研究过程的意义。一旦你知道了如何对时尚／服饰进行研究，你将能理解和评估你在报纸、杂志、学术期刊上所读到的研究内容的有效性和可靠性。既然人们认为时尚这个话题是肤浅和非学术的，因此任何一个非专业人士都可以对它进行研究和分析。故此，有没有能力去评价一篇文章是否写得很好、其研究基础是否具有深度和事实基础，这是很有意义的。

第1章阐述了理论与实践之间的联系，强调了理论在研究过程每一步中的作用。第2章对整个研究过程进行了陈述并讨论了社会科学调查的全过程，包括最初的研究主题的选择与研究问题的形成及至最后的分析阶段。第3至6章提供了社会科学和人文科学所使用的主要的质性研究方法，如民族志（ethnography）、调查学（survey）、符号学（semiology）和基于对象的研究（object-based research），这些方法均可用于时尚／服饰的调查研究。第7章"在线研究与民族志"是第2版增加的新章节。第8章涉及其他章节中未涵盖或阐述的其他方法，在对每种方法的解释中都有多篇时尚／服饰研究文献和实证研究案例，并对主要问题和方法策略进行了概述。在此基础上，可以明显看出，时尚可被视为物质对象（material object）、抽象概念、现象、系统、文化价值／规范或态度等。本书在结语一章中，探讨了时尚／服装研究的未来发展机会和方向。

本书也包括教学材料，如每章开头都有"目标"，每章结尾都有"扩展阅读"。

——————— **结语** ———————

作家们对时尚与服饰的个人兴趣已经演变成了社会科学、实证研究和坚实的方法论策略。时尚／服饰学者继续努力通过出版书籍和学术期刊，来使其成为学术界"合法"的研究领域，同时世界各地的高校也正在本科和研究生培养中建立时尚研究项目。本书试图通过引入不同的研究方法来提高人们对时尚／服饰研究的认识，这些方法也与各种理论方法联系在一起。

扩展阅读

Carter，Michael（2003），*Fashion Classics from Carlyle to Barthes*，Oxford，UK：Berg.

Craik，Jennifer（2018），"Exotic Narratives in Fashion，" in *Modern Fashion Traditions*，pp. 97-119，London：Bloomsbury.

Femke，De Vries（2016），*Dictionary Dressings：Re-reading Clothing Definitions towards Alternative Fashion Perspectives*，Eindhoven，

Onomatopee.

Lynch，Annette，and Mitchell D. Strauss（2014），*Ethnic Dress in the United States：A Cultural Encyclopedia*，London：Rowman and Littlefield Publishers.

Nicklas，Charlotte，and Annebella Pollen（2015），*Dress History：New Directions in Theory and Practice*，London：Bloomsbury.

Niessen，Sandra（2018），"Afterword：Fashion's Fallacy"，in *Modern Fashion Traditions*，pp.209-227，London：Bloomsbury.

THEORY AND PRACTICE

理论与实践

目标

- 理解什么是理论
- 认识进行社会科学研究的目的
- 辨别质性方法与量化方法之间的差异
- 学习如何使用量化与质性方法
- 区分演绎与归纳研究、客观方法与主观方法
- 了解理论与实践如何相互依赖
- 学习在时尚/服饰研究中应用符号互动论的方法

　　在调查和理解时尚/服饰研究所采用的研究方法之前，我们必须了解理论的含义以及理论与实践之间的联系。当我们说"实践"（practice）时，我们指的是涉及方法论研究（methodological inquiry）的研究实践。本章探讨了理论与实践/方法之间的联系，这种联系是密不可分的。研究者研究的理论框架、意图或目的不仅决定了重要的问题，而且决

定了运用于时尚研究中的社会科学调查方法。

与特定理论路径（theoretical approaches）相关的方法很多，且彼此之间存在竞争关系，它们在学术话语系统中同时存在。我们需要明确具体方法和实践所依附的理论议程（theoretical agendas）。本章我考察了社会科学研究中的主流理论观点，并探讨它们如何塑造理论范式下的研究。

除非得到来自研究的事实和证据的支持，否则我们的想法和思想只能被认为是简单的猜测而不是科学知识(Babbie 2015)。对事实的需求是社会科学家开展研究的一个重要原因。然而，社会研究的目的是检查关于人和社会的现有理论的有效性，得出可以描述我们生活的信息，发展出新的理论来解释我们的生活如何受到各种社会和外部力量的影响。

─── **什么是社会科学研究？** ───

初次研究时尚 / 服饰的学生可能认为这个主题与社会科学无关。然而，由于我们在日常生活中遇到的关于时尚的大量信息是非学术性的，这些来自杂志、报纸、目录、电视节目和互联网站等众多媒体的信息，有些没有可靠来源，有些只是关于时尚的主观看法和文章。因此，为了在学术界获得尊重，时尚 / 服饰研究需要像社会科学研究那样进行。

很多人类行为的原因，例如我们的衣着方式或我们对服装做出的选择，都是基于猜想和未经检验的假设。在信仰或一些共同的信念中，人们不仅接受这类未经检验的假设，而且也没人试图去验证它们正确与否。但在学术研究中，我们需要对假设进行客观的验证。Taylor（2010）解释道，所谓科学的方法是指找到有效的研究方法，从而发现那些控制自然现象的原因和解释。这也是我们在时尚 / 服饰研究中要应用的。

我们不能像研究自然科学（如化学或物理）那样研究人类。这一事实既有好处，也有坏处。社会科学家的一个优势是能够直接向他们的研究对象，即被研究的人，提出问题。但这种互动往往会对正常行为产生有意或无意的偏离（Babbie 2015）。例如，当被访者在接受访谈或填写问卷时，他们知道自己正在被研究，有时他们会试图提供一些他们认为有助于研究的答案，这些答案可能是建立在他们对研究目标的猜想之上的，有时候他们也可能非常草率地回答相关提问。根据Giddens 的说法：

> 科学是运用系统的调查方法、理论思考和对论据的逻辑评估来发展关于某一特定主题的知识体系。科学工作倚仗大胆创新的思想和精心整理的证据二者之间的结合，从而支持或否定某个观点和理论。通过科学研究和辩论积累起来的信息和见解，在某种程度上总是处于试探性的开放状态，以方便根据新的证据或论据加以修改，甚至被完全抛弃（Giddens 2018：20）

科学是一个以直接、系统的观察为基础的逻辑系统，它的知识以经验证据为基础，这些经验证据是我们可以用感官来验证的信息。实证主义（Empiricism）涉及可以被观察的东西，它一直是社会科学的一个组成部分，这在第 2 章"研究过程"中有进一步讨论。可靠的知识来源于可以观察和实验的知识。相反，来自哲学思考的知识没有科学依据，而有些人认为时尚／服饰研究往往就属于这一类。

概念与变量

社会研究对世界的性质和人们的行为提出假设，这二者存在因果关系，都是可预测的。每个事件都有一个固定的前因，比如我们为什么穿背心或羊毛衫。我们选择某种方式穿衣是有外在原因的。

科学的基本元素是概念，一种以简化的形式代表世界某一部分的精神结构（mental construct）。社会科学家使用概念来标记社会生活的各个方面，如"时尚"或"粉红色"，将人类分为不同的类别，如性别、社会阶层或种族／族裔，并在其理论中使用这些概念。概念可通过词语或符号来描述，它代表一个现象，这是我们用来命名我们的看法与经验，并对其进行分类的标签；它也可以是从特定实例中概括而来的一个理念（idea）（Turner 2013）。

在研究中，概念会变成可测量的变量，其取值视情况而定。变量的使用取决于可测量性（measurement），这是确定在某一特定情况下变量如何取值的过程。一些变量很容易被测量，例如衣柜中服装的数量。然而，将抽象概念（如最新时尚潮流中的认知水平）作为变量进行测量则困难重重。

研究者，特别是进行量化研究的研究者，寻找的是两个或两个以上变量间如何相关，并确定相关性，这就是寻找因果关系。相关（correlation）是指两个或多个变量一起变化的关系。社会科学家不仅试图调查变量的变化，还调查变量的变化原因（Bordens and Abbott

2017)。科学家将原因称为自变量，并将结果称为因变量。

　　原因（自变量）→ 结果（因变量）

　　了解因果关系至关重要，因为它允许研究者预测一种行为模式如何产生和再现另一种模式。这些联系解释了时间顺序、因果关系、相关性、描述或解释，它们可以表示概念之间发生的任何操作。将这些联系进行归纳，便称为理论。

——— 什么是理论？ ———

　　"理论"（theory）一词是个宏大的名词，它令许多学生甚至学者望而生畏。它不是具体的，所以很难把握，也很难从具体的角度全面理解。理论在心理学、社会学、人类学、教育学和经济学等社会科学的学科以及许多分支领域都存在。要找到并阅读理论，需要在文献数据库中进行检索或查阅相关研究主题的指南。

　　理论是对一种现象的概括，是对事件发生方式和原因的解释。因此，理论视角是一系列相互关联的假设、概念和命题，这些东西构成了世界观（Turner 2013）。理论可以分为两部分：相互联系的事物和联系本身。它们可以是具体的、有形的物体，如帽子、牛仔裤或鞋子，也可以是抽象的概念，如风格、美感、丑陋或行业。这些概念常常与更为普遍的理论联系在一起。简单的行为，如在特定的商店购物或穿戴某些品牌，可以放在一个更大的理论框架之中。人类社会的任何行为都可以从理论上加以分析。

　　理论是抽象的，它与现实世界和我们的日常生活似乎没有联系。

但实际上，我们看待世界和社会的整个方式取决于我们的理论视角。理论和现实生活，如时尚现象和实践，是非常紧密地联系在一起的。阅读和理解理论，就能更好地理解我们是谁、我们的世界是什么样的这类问题。这类具体的问题实际上体现了某些理论假设，对它们了解更多，我们就能变得更加敏锐、更善于分析问题、更具批判性。

理论植根于人的思想之中，各种理论在规模（size）、复杂程度（density）、抽象性（abstractedness）、完整性（completeness）和质量（quality）等方面都有所不同。许多理论都很复杂，很难理解。所有科学理论在某种程度上都是一种推测，因为它们都是暂时的归纳概括。[1]但有些理论提供了相关知识，确实有助于实践。理论可被定义为关于事物之间如何相互联系的陈述，其目的是陈述并向我们解释事物之间是怎样联系的，事情为何那样发生，比如人们为什么会按照他们的方式着装。总而言之，一个理论的目的是解释事情发生的原因（Neuman 2019）。

理论帮助我们组织原本杂乱无章的世界，使之有意义。它指导我们在其中如何表现或者应该怎样表现。它还帮助我们预测未来将会发生什么。理论是通过发展一组命题（propositions）或归纳（generalizations）来创造的，这些命题或归纳以某种系统的方式建立起事物之间的关系，并且从人们的观察、聆听、触摸、感知、嗅闻和感觉中提炼信息，这就是数据收集的过程。

根据 Creswell 和 Creswell（2018）的观点，研究者通过对预测结果进行多次的验证来发展理论。研究者将基于不同度量形式的自变量（independent variables）、中介变量（mediating variables）和因变量

（dependent variables）组合成假设或研究问题，这些假设或问题提供了关于关系类型的信息。当研究者选择不同人群，在不同环境中，一遍遍地验证假设时，理论便出现了，有人还会给这个理论起个名字。就这样，理论发展成为特定领域中对知识的进一步解释。

演绎与归纳，主观与客观

演绎－归纳度（The deductive-inductive dimension）是指理论在研究中的地位（Flick 2018a；Bordens and Abbott 2017）。若一个理论系统对其命题和概念发展出可操作的定义，并通过实证研究将其与数据相匹配，这便是演绎研究。演绎研究者希望找到与理论匹配的数据，而归纳研究者希望找到解释他们的数据的理论。归纳研究从收集数据开始，例如实证观察或某种测量，并根据数据中发现的关系建立理论范畴和命题。也就是说，归纳研究从对一种现象的考察开始，然后依据对相似和不同现象的连续考察发展出一种理论来解释所研究的问题。

研究设计也可以按照主观和客观的连续性来描述。第 3 章讨论的民族志将参与者和研究者的主观经验纳入研究框架，从而提供深度的理解，这种深度理解往往是通过其他研究方法难以获得的。与之相对的是，客观方法（objective approaches）使用研究者创建的概念类别和关系解释来构建对特定人群的分析。

理论在质性研究中的运用与定位

根据 Creswell 和 Creswell（2018）的研究，在量化研究中，提出的假设和研究的问题通常建立在研究者试图检验的理论之上。在质性研究中，理论的运用则更多样化。在量化研究中，理论给研究问题和研究假设中的变量提供解释。例如，在一篇量化研究的学位论文中，研究者可能将"研究计划"这一章节的全部篇幅用来解释这项研究所采用的理论。而在质性研究中，研究者可以在研究过程中生成理论，并将其放在论文的最后部分。当然，有的研究也会在一开始时就提出理论，这时理论的作用就是像透镜一样塑造研究中所看到和提出的问题（Flick 2018a）。在混合方法研究中，研究者既可以验证理论，也可以生成理论（Neuman 2019）。此外，混合方法研究也可能以理论透镜（theoretical lens）来指导整个研究，例如对女权主义、种族或阶级问题的关注。

在质性研究中，理论会成为研究的终点。它是一个从数据到各种宽泛主题，再到一个概括性的模型或理论的归纳过程。研究者首先从参与者那里收集详细信息，并将这些信息按主题或类别分类。这些主题或类别被发展为一般的模式、理论或概括，然后与个人经历或关于该主题的现有文献进行比较（Flick 2018a）。

有些人把理论放在质性研究过程的中心位置，并建议研究过程的各个阶段都围绕理论展开，同时从理论中汲取成果。例如，在民族志中，田野研究者不需要事先指定理论，因为这样可能会导致过早结束对问题的调查，也会导致研究者远离社会环境中参与者的观点。这些质性研究者可能不愿意事先在任何特定的方向发展其研究的理论含义，他们认为理论含义应该来自他们将要找到的数据。

——— 理解时尚理论的含义 ———

确切地说，没有一种时尚理论是被普遍接受的，由于时尚 / 服饰研究需要多种视角、方法和解释，所以存在多个构建在主要社会理论之上的时尚理论。时尚理论与女性主义理论、文化研究理论一样，具有结构功能主义、冲突论、符号互动论等多种理论取向。

根据 Lillethun（2011：77），将时尚进行理论化的学科包括但不限于人文学科（艺术和设计史）、社会科学（人类学、区域和民族研究、文化研究、经济学、地理学、历史、心理学和社会学）、商业（市场营销、商品营销和零售业）和时尚节目，上述学科都具有跨学科的性质。Pedersen，Buckland 和 Bates（2008—2009）讨论并定义了"理论"这一概念，试图将成熟的理论融入时尚 / 服饰研究，并探索理论与服饰学术之间错综复杂的关系。Barnard 还指出：

> 时尚 / 服饰学者根据他们的学术训练提出了关于时尚的不同理论。每个学科都有其自身的一套思想和概念框架，并以此来定义、分析和解释时尚。每个学科再根据各自研究时尚的目的来提出相应的理论。（Barnard 2007a：7）

关于时尚的理论不应与其他学术研究领域中的理论不同，因为它同样也是试图归纳人类的行为，只是这种行为是与时尚 / 服饰相关的。在时尚 / 服饰研究中，除了深刻理解方法策略外，还必须强调建立理论框架的重要性，Lipovetsky 坚持认为，时尚"没有引起严重的理论分歧"（1994：4）。Tseëlon（2001：436）解释道："时尚研究在很大程度上似乎是数据驱动并且缺乏理论支持的。由于未能形成一个完整的知识体系，它很少以理论为跳板来阐述研究问题。相反，理论似乎是研究问题生成过程中的一个附加部分，而不是不可或缺的一部分。"Tseëlon 还发现了方法中的一些问题：

> 在时尚研究中，方法的应用是矛盾的，混杂了非实证应用和技术应用。一方面，时尚作为一种社会文化现象，大多数研究工作都是理论性的，其中充满了民间智慧，采用轶事证据（anecdotal evidence）来进行说明，但缺乏对理论和常识观点的实证支持。另一方面，研究方法在其中不被视为生成洞见的手段。（Tseëlon 2001：436）

提出一个既有趣又有价值的研究问题或假设是一回事，确定最合适的研究方法则是另一回事。如前所述，研究中所采用的方法与相应的理论基础有关。

Lillethun 解释道：

> 理论由解释可观察现象的命题概念网组成。虽然时尚是一种"可观察的现象"，但当下还没有一个全面的时尚理论得到普遍接受。相反，从不同的学科角度提出了有关时尚的概念和主张……我们将时尚理论理解为对时尚基本问题的调查，其目标是理解、解释和预测时尚变化。（Lillethun 20011：77）

两个主要的理论视角：微观与宏观

在你还没有被各种抽象理论弄昏头之前，切入理论视角的最基本方法就是从宏观和微观层面展开（Turner 2013；Giddens 2018）。学习社会学入门课程的学生在学期开始时便会接触到主要的社会学理论，对学习时尚 / 服饰研究的学生而言，在开始自己的研究之前学习主要的理论观点同样重要。通常而言，社会学理论有两个阵营：宏观的和微观的。前者是一种演绎方法，后者是一种归纳方法。

如前所述，理论会影响我们对研究方法的选择。具有宏观视角的功能论者和冲突理论学派倾向使用量化方法，而具有微观视角的符号互动论者则倾向使用质性方法。在演绎、量化研究中，理论在研究初期有着很大的作用，理论最终可以根据发现进行修正；在归纳、质性研究中，理论在数据收集完成后开始发挥作用，尝试对收集的数据进行解释。

理论视角	方法	方式
宏观结构主义	量化方法	演绎
微观互动主义	质性方法	归纳

理论视角分为宏观结构主义和人与人交往的视角，即微观互动主义。宏观结构主义涉及社会结构等宏大特征的视角，微观互动主义则注重人与人之间的互动、沟通细节。

还有一种是微观和宏观相结合的中观（meso）层面，它同时包含微观和宏观层面的分析与方法策略，这将在第 8 章"其他方法"中进行解释。Neuman（2019）从三个层面审视理论：微观层面、中观层面和宏观层面。微观层面的理论提供的解释仅限于短期时间、小型空间或少量人数，例如，青少年在圣诞节期间为父母购买礼物的类型或时装周期间设计师与公关人员的互动。中观层面的理论联系着微观和宏观层面。在有关组织、社会运动或社区方面的理论中，例如，以中观层面研究知名设计师之间的广泛的社交网络时，分析网络是如何构成的便是其中的宏观层面，分析每个设计师是如何与他人进行个人或专业的联系的，则是其中的微观层面。宏观层面的理论可对更大范围内的抽象现象进行解释，例如，美国消费者在经济衰退期间的购物 / 消费行为，或者名人在媒体上的穿着对服装零售业的影响。

在量化研究中，人们用理论进行演绎，并把它放在研究计划的开始。研究者提出一个理论，收集数据对其进行检验，并通过结果对理论进行确认或否定，这样做的目的是检验或验证理论而不是发展理论。理论是整个研究的框架，将研究问题或假设以及数据收集过程组织在一起。

这三种理论透镜可以综合在一起形成混合方法。混合方法研究可以包括理论检验和验证过程中的理论演绎，或者是对新兴理论或模式的理论归纳。在混合方法研究中，这两种情形下的理论使用既可以侧重量化方法路径，也可以侧重质性方法路径（Creswell and Creswell 2018），因此使用混合方法的研究者要么演绎地使用理论（如在量化研究中），要么归纳地使用理论（如在质性研究中）。

———— 理论与方法 ————

有各种各样的理论和研究方法可以使用。不同的理论要求不同的研究方法，反之亦然。研究方法是对研究活动的系统规划。在这本书中，我讨论了民族志、调查方法、符号学和基于对象的研究。前两种方法广为人知，后两种则不太引人注意。方法论取向（methodological orientations）与理论之间存在着联系。一般来说，方法论的两种取向都各与一种理论路径有关。科学取向对应结构功能路径，解释取向对应符号互动路径。在宏观结构主义视角下，研究者收集经验数据，理想情况下是定量的数据；而在微观互动主义视角下，研究者会对人们对世界的主观感觉进行定性描述。

如果实证结果必然由某一特定理论产生，或者只是在某一特定理论的背景下才有意义，那么它们总会高度依赖理论，而不是与理论保持对等地位。尽管理论总体而言具有抽象性和概括性，但理论可以独立存在。如果没有理论支持，实践或实证主义就只是一个故事，这样的情况正发生在与时尚/服饰相关的信息中。因此，需要对这类信息进行分析性的描述，同时还要将其纳入理论视角之中。所以，实践与理论不可或缺，是紧密联系在一起的，在进行研究时，二者是密不可分的。有的研究者习惯以建立理论框架作为研究的开始，而另一些人则相反。构建基于经验的理论需要数据和理论之间互相支持（Bordens and Abbott 2017）。质性研究中的数据来源，如访谈和观察，不像传统的量化研究中产生的数据那样容易得到验证，但是，通过对访谈和观察进行仔细记录，可以控制质性研究的可靠性。

质性方法与量化方法

社会科学领域分为两派，一派拥护量化的方法，另一派赞成质性方法或纯语言理论（purely verbal theory）。前者倾向认为后者是"非科学的"或仅仅是"哲学"的，而后者则攻击前者是"实证主义者"，认为他们遵循过时的科学观念，只是方法的实践者而没有实质内容，因为他们有的只是纸上的数字（Taylor 2010；Turner 2013）。

大概在 1965 年之前，量化方法是美国社会学的主流，虽然其方法尚应用不多，但被视为未来进步之路。自那时以来，数学和统计学的方法技术越来越成熟，但是观点的重心，特别是在理论家中间，已经朝着另一个方向倾斜了。在注重方法论和量化方法使用的一方和注重理论与质性研究的一方之间曾经存在着相当大的对立。那时许多社会科学家被法国的结构主义、社会现象学、常人方法论（ethnomethodology）和其他公开反对传统科学的立场所吸引。在研究中采用解释性的方法路径，如非量化的历史社会学开始流行起来。

与已经存在了几个世纪的那些学科相比，时尚 / 服饰研究是一个新领域。质性方法和口头表述（verbal formulations）更适合掌握我们正在研究对象的主要轮廓。我们与其先提出一套理论然后去寻找适合该理论的数据，不如将时尚 / 服饰当作一种现象 / 实践，或者把服饰当作对象（objects）来研究，然后再从中探寻一套理论。如果你是时尚 / 服饰研究的新手，那么采用符号互动主义的理论框架和诠释性方法路径是最好的开始。

从符号互动论角度进行时尚和服装研究

这是社会科学中几个理论思想流派之一，它涉及一组描述和解释人类行为某些方面的相关命题。人类对社会的解释结果就是自身的所言所行。人类行为取决于学习而不是生物本能。因此，该理论强调了社会力量和外部力量对人类行为的重要性。人类通过符号来交流所学到的东西，最常见的符号系统是语言，即语言符号。符号互动论者的工作是捕捉这种解释过程的本质或附加在各种符号、语言或非语言中的含义。时尚 / 服饰研究学者主要对这一理论的非语言层面感兴趣，因为服装是一种非语言的交流方式。

符号互动论起源于约翰·杜威（John Dewey，1859—1952）、查尔斯·霍顿·库利（Charles Horton Cooley，1864—1929）、威廉·埃萨克·托马斯（Willam Isaac Thomas，1863—1947）和罗伯特·艾兹拉·帕克（Robert Ezra Park，1864—1944）等人对社会行为的研究[2]，尤其是乔治·赫伯特·米德（George Herbert Mead，1863—1931）将社会互动作为一个动态过程所进行的研究。米德的学生赫伯特·布鲁默（Herbert Blumer，1900—1987）被认为是符号互动论的创始人，他首先提出了这个术语。在此之前，他参考了米德提出的许多概念和理论，这些概念和理论包含互动的观点，即人们分享意义并协调自身行为的过程。根据布鲁默（Blumer 1969b）的研究，意义来源于人们或群体互动的社会过程，人们通过不同的解释和意义来创造自己的现实。布鲁默也将此应用于时尚（Blumer 1969a）。布鲁默的学生，来自芝加哥大学的欧文·戈夫曼（Erving Goffman）受象征性互动主义的影响，撰写了《日常生活中的自我呈现》（*The Presentation of Self in Everyday Life*，1959），书中考察了个人外貌的社会意义，他的研究在时尚／服饰研究中常常得到应用。同样，Gregory Stone（1962）也运用符号互动主义的观点来分析外表，这对发展和维护自我非常重要。另一位学者 Fred Davis（1992）讨论了时尚在交流和互动过程中的象征意义，并解释了时尚的矛盾本质。符号互动主义者在诠释社会学的传统中开展研究，遵循马克斯·韦伯（Max Weber）的诠释社会学（interpretive sociology）的原则，强调主观意义在日常生活社会组织中的重要性。

韦伯的诠释社会学理论在时尚／服饰研究中的应用

人类不只是简单地四处走动，我们热衷于有意义的行为。第二种研究是诠释社会学，即关注人们重视其社会世界意义的社会研究。提出这个框架的先驱者马克斯·韦伯认为，社会学的重点是诠释，即 verstehen（理解）人们在日常生活中创造的意义，verstehen 在德语中意为“理解”。诠释社会学家的工作不仅是观察人们做什么，还要分享他们的意义世界，理解他们为什么那样行事。主观思想和感觉，这些所有科学认为应该摒弃的个人偏见，应该或可以变成研究者关注的中心。

韦伯认为，人类社会生活在某些方面不同于自然世界的其他特征。人类经常是理性的，并为了实现预定的目标而努力。观察者必须从行为人的角度考虑行为。韦伯写道：

> 社会学……是一门对社会行为进行诠释性理解，从其过程和作用进行因果解释的科学。只要行为者对其行为附加主观意向，无论是外显还是内隐，不作为或容忍默认，我们都称其为"行动（action）"。如果行动的主观意义涉及他人的行为，并且指向其过程，这种行动我们就称为"社会的（social）"。（Weber 1978 [1909]：4）

韦伯说"所有解释都必须在意义层面确定充分"（Weber 1968：12）。时尚学者 Muggleton 把韦伯对意义的解释运用到他对亚文化现象的研究上，同时强调主观性的重要以及影响每个人创造意义的社会因素。Muggleton 写道：

> 韦伯式亚文化研究必须建立在对亚文化主义者自身的主观意义、价值观和信仰的解释之上。这是韦伯的理解方法论建立的前提……因此，我们必须认真对待亚文化主义者的主观意义，因为这些为亚文化主义者的行为提供了动力。这使得主观维度成为任何社会现象解释的核心组成部分……因此，对亚文化进行的韦伯式解释在意义和因果关系两方面都必须足够充分：这种解释应从对单个亚文化主义者主观价值的实证调查开始，但要超越"激励行动者的集体力量"之下该行动者的主观意义（Ritzer 1981：80），从而识别出在亚文化现象出现过程中产生了作用的信仰体系。（Muggleton 2000：10）

虽 然 Muggleton 支 持 韦 伯 的 " 理 解 方 法 论 "（verstehen methodology），但他也从宏观结构的角度来看一个亚文化现象。社会结构从来不是空的，总有个体属于这个结构。他的研究还隐含了中观分析（meso analysis），即宏观和微观层面的相互作用。

——— 结语 ———

时尚 / 服饰研究需要从理论和实证两方面进行。理论视角取决于研究者选择的方法、学科归属和专业背景。不同的研究问题需要不同的理论和方法，无论是量化的还是质性的。理解一个理论的基本视角是微观、中观还是宏观层面的。质性方法通常采取微观互动的方法，适合应用于时尚 / 服饰研究。理论可以视作一项质性研究的终点，即从数据收集和分析中归纳出来的一种模式或观点。

Berger，Arthur Asa（2017），*Reading Matter：Multidisciplinary Perspectives on Material Culture*，New Brunswick，NJ：Transaction Publishers.

Buzzi，Stella，and Gibson，Pamela Church（eds.）（2013），*Fashion Cultures Revisited：Theories，Explorations，Analysis*，

London：Routledge.

Jackson，Alecia Youngblood（2012），*Thinking with Theory in Qualitative Research*，London：Routledge.

Leavy，Patricia，and Anne Harris（2018），*Contemporary Feminist Research from Theory to Practice*，London：The Guilford Press.

Ritchie，Jane（2013），*Qualitative Research Practice：A Guide for Social Science Students and Researchers*，2nd edition，London：Sage.

RESEARCH PROCESS

研究过程

　　"研究"一词与"时尚""服装"这两个术语一样，在日常生活中使用得非常宽泛。但是，在进行时尚 / 服饰的研究时，我们必须了解研究包括哪些必需的过程和必要条件。究竟什么是研究？我们应该如何研究时尚 / 服饰？为了能进行扎实、深入的研究，我们必须详细了解整个研究过程，并仔细了解每个研究步骤。

　　本章考察了研究的整个过程。从初期选题、提出研究问题阶段到最后的分析解释、得出结论阶段，对其中的社会科学调查，都进行了详细的论述，并针对开展具体研究提出了切实可行的建议。谁（who），什么（what），在哪里（where），何时（when），为什么（why）以及如何（how）这些都是需要提出的基本问题。我们需要什么样的数据？可以从谁那里获取这些数据？这些数据在哪里可以找到？何时可以方便地获取？数据应如何记录、收集或存储？为什么需要这些数据？它们能给研究增加什么？我们有资源收集它吗？本章还探讨了研究中可能出现的一些伦理问题、伦理委员会（IRB）的成立以及关于剽窃的问题。

　　人们认为某些研究问题的答案是显而易见的。但是 Lazarsfeld 和 Rosenberg（1957）对此解释道，在事后，常识的确能够对几乎任何事情进行解释或提供理由。但在事前，常识反而支持各种相互矛盾的猜想。常识通常含糊不清，甚至是错误的。

　　具体的质性研究方法将在随后的章节中详细讨论。质性数据大多都是文本形式，因此来自访谈、问卷、协议、现场笔记、日记、会议记录和其他记录的叙述性数据应尽可能准确地保存。我还研究了研究者对研究设计、研究发现和解释的影响程度，必须考虑研究者的经验和作用。如果研究程序被正确应用和准确记录，那么任何受过类似训练的人都可以重复该研究，因为社会科学就可以在不考虑研究者个体差异的情况下进行。这强调了社会科学的客观性目标。

对客观性与实证主义的认识

在开始研究和收集数据之前，牢记社会科学研究的两个最重要的特点是极其重要的。无论研究主题是什么，是时尚／服饰还是其他什么，只要你正在进行严肃的研究，都需要考虑客观性和实证主义（Giddens 2018）。虽然有时很难忠实地贯彻这两点，但研究者是否意识到上述内容对其最终能否得出公允的结果至关重要。

客观性／价值中立

从事量化研究和质性研究的研究者都知道，社会科学研究应该持无偏中立的立场。人们期望社会科学家在研究其周围世界时将个人价值观放在一边，以外部研究者的身份开展研究。

客观性是指研究者阐述研究程序是什么的能力，这便于对该研究有兴趣的人去重复该研究。你做了一项研究，然后解释采用的方法，阐明得出的结论，这基本上就是告诉别人可以重复该研究。如果研究者的发现和分析是正确的，后续的研究将证实这一点。如果它们是错误或不准确的，这也会在后续研究中显示出来。然而，我们都知道，没有任何研究是绝对的或者没有任何缺陷，总存在值得怀疑或质疑的空间，但每个研究者都在其特定的领域为学术界做出贡献，包括时尚／服饰研究。

因此，科学研究的指导原则是在研究中保持客观或个人中立。客观研究的理念是让事实为自己说话，而不被研究者的个人价值观和偏见所影响。当然，在现实中，保持绝对中立对任何人都是不可能的。

但细心遵守科学研究规则可以让研究最大程度地保持客观。

德国学者马克斯·韦伯指出，人们会选择与他们自己关心的价值相关的研究课题。他警告说，一旦他们的工作展开，研究者应尽力确保没有价值倾向。我们必须致力于寻找真理本来的样子，而不是我们认为它应该具有的样子。研究者应保持开放的心态，不管他们喜欢与否，他们应愿意接受研究所得出的任何结论。虽然大多数研究者承认自己永远都无法保持完全的价值中立，也不能消除所有的偏见，但韦伯的观点在社会科学中仍然很受重视。无论是否接受过专业的研究训练，研究者都会受到其社会背景和个人经验的影响，这一点是很难否认的（Weber 1949）。

因此，虽然社会科学调查的目标通常是客观知识，并与情感分离，不存在偏见，但由于研究者毕竟是有情感的人，所以我们对其在多大程度上成立仍存有疑问。一经接受社会科学训练，人们就完全保持客观了吗？虽然一些学者认为社会科学保持客观性是绝对必要的，也是可能的，但也有人认为是不可能的，特别是在质性研究方法上。有人就认为，在质性研究中人们可能会对客观性妥协。

从现象学的角度来看[1]，任何判断都是主观的，会受到判断者自身经历的影响。所有的经验观察（empirical observations）都必然依据各种理论，而理论的选择是主观的。每个社会成员有不同的价值观，任何研究者提出的观点必然会不知不觉地受到个人价值观的影响。但这并不意味着处理统计数据的量化方法就可以保持绝对的客观性，因为其中的变量和所选的原始数据都是主观决定的。

经验主义

经验主义是社会科学研究的第二个重要特征，它断言知识来自思想形成的经验，同时否定了先天思想的概念。只有那些通过感官收集的信息才会用于决策。经验主义在 18 世纪和 19 世纪随着科学的出现而流行起来，那些谴责质性方法的研究者常常将经验主义等同于科学。这被称为认识论的观点[2]，该观点建立在"经验是知识的唯一来源"这一假设之上。在社会科学中，它用来描述一类研究风格，这类研究试图避免采用未经检验的理论推断，并始终着眼于提供量化、实证的证据。对经验主义的批评主要是说经验主义一方面倾向于降低理论的重要性，另一方面又低估收集可靠数据的技术和理论的难度。

然而，质性的感受也可以称为经验，因为经验主义是我们用身体感官去感受和体验，如听觉、观看、观察、触摸、嗅闻，甚至品尝（Flick 2018a）。任何实证研究都有方法论策略。如第 1 章所解释的"理论与实践"。理论与实践是相辅相成的，二者之间有着不可分割的联系。理论解释了一组经验观察，并作为分析工具发挥作用；它们是抽象的，在搜索人类行为模式过程中得以概括。实践或经验主义与理论关系不大，与具体的研究方法结合则可变得更为明确。

───── **研究过程** ─────

研究者不能突然就进入数据收集的过程，这要有一个规划阶段，当你打算做研究，在组织和架构你的研究之前，需要反复考虑整个研究过程（Marshall and Rossman 2015；Neuman 2019）。

选择主题

开展研究的第一步就是选择研究主题。虽然你知道自己是想研究时尚 / 服饰并写点什么，但这太宽泛了。你的研究需要聚焦到比"时尚 / 服饰"更具体的主题上。你知道自己想对与时尚相关的内容进行研究，但是这些内容究竟是什么？对时尚 / 服饰开展分析可以有大量不同的视角，你应该知道自己研究的是时尚的哪个具体方面，在研究中要试图调查关于时尚的什么样的具体内容。

更进一步而言，你必须能够清楚地描述你感兴趣的主题并提出你要调查的问题。许多学生在制订研究主题的时候不知所措，这是因为他们不能发展出一个清晰的研究问题或者对问题进行清晰的描述。能够提出清晰的研究陈述或者问题陈述，可以让你对主题进行提炼，剔除不相关的内容。

考虑和描述任何对理解主题有影响的理论是很有价值的。可以通过头脑风暴的方式列出所有可能的主题。头脑风暴的目的是不加批判地产生各种想法。通过集思广益，你对产生的各种想法进行批判性的评估，以便选择适当的主题进行综述。有时候，在头脑风暴中产生的各种想法和观点相互结合后可能会出现有价值的主题。

时尚与服饰中的主观兴趣

虽然许多研究者解释了时尚 / 服饰这个主题为什么具有研究价值和重要性，但他们之所以从事时尚 / 服饰研究通常是出于个人原因，甚至可能只是"因为我喜欢买衣服"，当然很少有时尚 / 服饰研究者会公开承认这一点。如果你正在确定研究主题，那么你所选的主题对你而言必定具有价值和重要性。这完全是一个主观的决定，因为它取决于你认为的重要性，甚至可能只是根据你的个人经验。能把这个主观过程变得客观吗？不太可能。我们自己的文化背景、学术训练、生活经历和个人特质，不仅对课题的选择，还对研究过程，甚至研究结果都会产生深远的影响。性别、年龄、种族、宗教、国籍、经济地位以及社会或职业角色都可以塑造研究者提出的问题。探究过程不仅受个人特征的影响，还受研究者的个人史和家庭背景的影响，因此研究者提出的假设也会受到影响。虽然考虑个人兴趣很重要，但我们需要确保所选主题在研究界期望的范围内。

Muggleton 在他的研究中解释了他根据韦伯的价值相关（value-relevance）观点，是如何以及怎样参与亚文化学习中的：

> 根据马克斯·韦伯的观点，社会学的研究主题选择都必须与"价值相关"（Weber 1949），确定某个特定调查主题，所采用的逻辑和调查方法都不可避免与研究者的主观价值相关。因此，向读者"坦白"我写这本书的个人原因不失为介绍本书的一种好方法。从 1976 年起，我越来越多地混迹于新兴的郊区朋克（provincial punk）摇滚现场。我采用了某些亚文化着装的规范，将喇叭裤换成了"直筒"裤，厚底鞋换成了运动鞋，亮橙色翼领衬衫配温莎结[1]领带换成了布里尼龙（brinylon）面料的老式白色纽扣领衬衫配英式校园条纹领带，领带在胸前挂着。

---

[1] 原文 fat knot 是温莎结的俚语。——译者注

因此，Muggleton 称他的方法为"新韦伯主义"，这是因为他的方法处于传统的常规质性社会学中，而传统的质性社会学源自韦伯所坚持的社会学诠释的需要，即承认社会行动者的主观目标、价值观和动机（Muggleton 2000：5）。

同样，当我回首过去，问自己作为一名时尚学者是如何涉足这一领域的时候，答案也是非常个人化的。首先，我的祖母自己缝制和服，我的母亲在一所时装学校学习，她是一个非常具有创造力的人。我从小到大看着母亲把缝制衣服和编织当作一种爱好，我也很自然地将其当作了爱好。我从小就喜欢设计衣服，我喜欢缝纫和做衣服。当我 21 岁从大学毕业时，我的同学都在找工作，而我却决定进入时装学校进行学习。我接受了时装设计师的专业训练。尽管从时装设计师到时尚学者的职业转化是个巨大的转变，但我依然身处时尚之中。虽然我的大多数教育是在西方国家接受的（在澳大利亚读小学，在奥地利读高中），但本质上我还是一个日本人。所以我一直关注巴黎著名的日本设计师，如 Kenzo，Issey Miyake，Rei Kawakubo 和 Yohji Yamamoto。我开展了自己的研究，完成了关于巴黎日本设计师的博士论文。在巴黎从事研究期间，我虽然意识到客观的重要性，尽量抛开个人兴趣和价值观，但我选择主题的过程却并不客观。[3]

因此，无论选择哪个研究主题，它们往往都源自研究者的个人兴趣和经验，而这些兴趣和经验都是不客观的。不论是因为懂得设计的技术层面，还是热衷购买每季的新衣服，我们这些时尚学者总是以各种方式喜欢着时尚。然而，研究者必须意识到，主观兴趣和偏见必须止步于选题的第一步。在此之后，研究者需要从一个客观的视角来分析和解释时尚／服饰。

你的研究从一个想法开始，你知道你想要研究一些时尚／服饰的东西或与之相关的东西。你开始阅读关于这个主题或想法的相关文献。在这个过程中，你应该开始形成研究问题或假设。如果你的研究问题在研究过程中发生了变化，而你的方法工具是质性的，那么这些变化是可以接受的。这也是量化研究方法和质性研究方法的主要区别之一。

米尔斯的社会学的想象力

如果采用 C. 赖特·米尔斯（C. Wright Mills, 2000［1959］）创造的"社会学的想象力"这个术语，那么你对时尚和着装的个人兴趣都是更大社会图景的一部分。运用这种社会学的想象力就意味着要认识到个体、个体经历和广阔的社会这三者之间的联系。米尔斯把个人层面称为个人的"传记"（biography），他用"历史"（history）一词来指代更宏大的社会模式和关系。你对时尚、流行趋势以及自身或他人的穿着方式都有自己的感受和态度。这些便让你的个人生活经历和经验成为你这个个体。将社会学的想象力运用到你的生活中，可以拓展你的视野，让你在更大、更复杂的画面中看到自己和他人。你能开始看到作为一个喜欢时尚的人，你的经历与你生活的社会世界是如何契合的，你的"传记"是什么样的历史的一部分。你可能是某一特定时尚都市中的时尚体系的一部分，你也可能代表了一个全新的时尚职业类别。根据米尔斯（2000［1959］）的观点，运用社会学的想象力是为了确定"传记"和"历史"的交叉点，即人们受社会力量影响的方式和社会群体受其成员影响的方式。

文献综述

一旦你知道了你的研究主题、问题或假设，下一步就是进行文献综述。这个步骤对于任何学术研究论文都是必要而无法忽略的。文献综述有两个目的（Hempel 2019）：

（1）尽管有时研究者通过进行相同或相似的研究来检查结论的可靠性，但你不想只是简单地重复其他研究者的想法或研究。全面的文献综述有助于你从以前的研究中学习，承认前人的研究成果，更加了解正在研究的困境或问题，从而避免不必要的重复工作。

（2）你参考其他研究以便了解该其领域其他学者做了什么，提出了哪些研究问题并进行了回答。文献综述向读者表明，你在开始进行自己的研究之前已经做好了功课。文献综述可以看成一个初步研究。仅仅专注于自己的研究是不够的，在没有做文献综述之前，你甚至不应开展你的研究。每个研究者都在为研究共同体（community）或时尚 / 服饰研究界做出贡献，懂得这一点非常重要。

文献综述的对象是与你所选主题相关的文献。为了使研究更具创造性，你需要回顾文献中的各种想法和发现。你可以在学术期刊、书籍甚至互联网上查找和阅读文献。你可以咨询图书馆馆员以便了解适用于研究主题的数据库。你进行综述的文献必须按字母顺序列在书或论文的末尾，即参考书目，从而便于他人参考并借此了解你是否阅读了与所选主题相关的基本文献。文献综述被用来支撑研究问题的合理性、研究设计的适当性、研究的理论基础，以及结论的有效性。

选择合适的研究方法

如前所述，方法有量化方法和质性方法两类。第 1 章"理论与实践"讨论了它们之间的差异和共同点。许多时尚 / 服饰研究者首选的是质性方法，因为他们经常将实物和视觉材料作为证据，同时观察人们的穿着。本书从第 3 章到第 8 章，对民族志、问卷调查等多种质性研究方法进行了深入的介绍和说明。我们需要记住，没有一种方法是完美的或绝对的，因此研究者要意识到他们的研究和所采用的方法的局限性，评估每种方法的优劣。可以使用的方法不一定只有一种，你可以综合多种方法来尝试回答研究问题。本书将介绍多个综合使用了两种及更多方法的研究。

使用质性研究方法的目的

社会科学研究直到 18 世纪初才开始出现。社会科学最开始以自然科学为榜样，试图使之和自然科学一样客观。大约在 20 世纪中叶，质性研究方法被探索性地运用到社会科学研究中（Denzin 2017）。

许多研究者和学者并没有明确指出他们的方法论策略是什么，因此读者必须推测并在阅读中理解研究采用了什么特定的研究方法。有趣的是，在博士学位论文和以其为基础的书籍中，通常会对方法进行解释。

我们知道，学术研究领域有量化和质性研究方法（Turner 2013）。质性数据和量化数据之间相互渗透，并从中产生洞见和理解力，这些是无法通过使用单一方法产生的。例如，除了民族志或访谈之外，其他任何方法都无法充分解决某些研究问题。虽然许多量化研究者不认同观察或参与观察等质性方法是合规的研究方法，但他们中的很多人已经开始重新考虑自己的观点。

本书讨论的质性研究方法经常被那些从事与时尚相关的实践与重大事件分析的研究者采用。我不想完全否定量化方法。我们应该知道量化方法是什么，以及在研究时尚与服饰中采用的这两种方法的差异。

质性分析是指不依靠精确测量和数学断言的分析。与时尚 / 服饰相关的分析通常是质性的，因为研究目标往往涉及对现象的理解，而这种理解不需要量化，或者现象本身不适合做精确测量。你不能给时尚现象任何数字。例如，在参与观察中，研究者可能仅仅是为了观察人们的行为，并不去计算特定行为出现的次数，同时在其他情况下，例如在历史研究中，即便这些记录本身就是研究目标，可能也不能满足进行精确定量测量的要求。

研究设置和恰当的研究样本 / 对象

与任何其他研究情况一样，你必须确定研究所涵盖的社会范围。在大多数研究中，这一决定很大程度上是由研究问题和所调查对象的性质决定的。研究者对这一点必须要有清楚的认识。在项目的研究设计阶段，研究者需考虑确定和使用特定设置进行数据收集的理由，必须决定谁是研究者和研究样本。研究设置应确定研究的切入点以及可获得的研究样本。你必须仔细确定适当的样本，而不仅仅是一个容易获得的样本。

一般认为研究问题是获得恰当的研究地点（research site）的主要

指南。如果研究者的问题与法国高级时装和女装相关，数据收集对象必须是与之相关的，你必须找到与之相关的个体。所以，在亚洲进行这项研究的可能性就较小。通常，决定采用特定的研究地点与获得潜在研究对象的可能性密切相关。研究地点选择不当和样本决策不当都会削弱或破坏最终发现。

抽样策略

在进行问卷调查时，你对整个样本进行调查是非常"奢侈"的，这在第 4 章"调查方法"中有详细讨论。你班级的 100 名学生是否能代表你所在学校或其他学校的班级，这很难知道。时间和经济成本的限制需要一种将样本减少到可控规模的技术。如果要从 20 000 名学生中随机抽取 500 名学生，这意味着每个学生有同等的机会被选中。如果总体的每个个体被抽中的概率不同，那么其抽样结果就是一个有偏的样本。

使用样本的逻辑是从较小的样本去推断较大的总体。在量化研究中，研究者对概率抽样非常关注（Fowler 2013；Thompson 2012）。概率抽样的概念基于这样一种观点：可以选出一个样本，这个样本以数学方式表示某些较大总体中的亚组。概率抽样策略包括简单的随机抽样、系统随机抽样和分层随机抽样。[4]

样本的统计分析涉及各种类型的抽样方法和许多相关问题。当你考虑针对你的研究问题有哪些合适的统计技术时，要了解这些统计技术的应用前提，你需要学习评估这些前提（Thompson 2012）。要让人们对他人就各种问题所做研究而得到的结论作出明智的判断，理解抽样、抽样规模大小和统计技术就非常重要了。虽然质性研究者不直接参与统计分析过程，但他们可以在调查中选择研究样本。

滚雪球抽样

滚雪球抽样是一种非概率抽样策略，它是在研究中找到具有某些属性或特征的样本对象的一种方法。对各类不同寻常话题、敏感话题或难以接触人群等研究感兴趣的研究者，特别喜欢采用这种抽样方法（Thompson 2012）。滚雪球抽样的基本策略是首先确定几个具有相关特征的人，并对他们进行采访或让他们回答问卷。然后，要求这些受试者给出与自己具有相同属性的对象。以此类推，便可聚集一群具有相似属性的人。比如，如果你是一个设计师，那么你的朋友通常也是设计师；如果你是一个买家，那你一定与其他买家有联系。在我对巴黎的日本设计师的研究（2004）中，我采用滚雪球抽样的方法在巴黎找到了那些平时难以找到的日本设计师。我首先联系了参加巴黎时装展的几位日本设计师并采访了他们。然后，我请他们每个人为我介绍 1 ～ 2 名在巴黎居住并从事时装业的日本设计师。通过第一批受访者的推荐，我的研究样本最终像"滚雪球"一样，从几个人发展到很多人。

收集数据与分析数据

一旦你确定所采用的研究方法，就要开始收集数据。"数据"不一定必须是量化的。在研究过程中收集到的所有资料，如调查笔记、对问卷的回答、相片等都可以视作数据。不论你选择了哪种方法，现在都需要将其付诸实践。你要确认研究记录保存良好，因为在下一阶段的数据分析中你会用到它们。本书后续章节讨论了质性研究中的具体数据收集方法。

进行任何数据分析之前，都应回顾下研究大纲或研究计划。对收集到的数据进行分类和整理可能需要一两个月时间。在开始进行建设性的数据分析之前，文件归档、整理磁带、按顺序理好访谈记录、组织文档和手工制品（artifacts）是必要的步骤。这个过程是研究的必要组成部分。许多研究者在一开始就偏离了最初的问题集，所以你需要不断审视和定位问题。在质性研究中，你不能从统计数据中编码或引出意义。

得出结论

你需要对从时尚／服饰研究中得出的结论进行讨论。你能否证明或反驳你在研究开始时提出的假设？通过这项研究，你发现了任何你不知道的东西吗？在时尚／服饰研究中，你的研究是否有理论或经验贡献？你可能正在写一份报告、一篇文章或一本书。当你得出你的研究结论，你便给未来的时尚／服饰学者提出了新的待研究问题。

—— **来源评估、剽窃和道德问题** ——

自 20 世纪 90 年代以来，互联网的出现给我们的生活带来了巨大的变化。今天，几乎没有人能避免互联网的影响，互联网已经渗透到世界各地。学术界和研究者的圈子也发生了巨大变化，因此，研究者应该能够评估在各种网站上发现的信息，因为有些信息如果被作为事实证据呈现，就不够准确且来源不可靠。这些内容在第 7 章"在线研究与民族志"中有进一步探讨和阐述，这一章内容也是本书第 2 版新增加的章节。互联网的出现使剽窃变得极其容易。学生必须了解引文和参考文献的重要性。有些人不理解剽窃的严重性。当你使用某人作品中的想法、句子或段落而不标注来源时，就是剽窃。根据韦氏在线词典，"剽窃"是"窃取和假冒他人的想法和言词；使用他人的成果而不标注来源"。如果未能注明所引用想法的原始出处，即使你的想法或观点是合乎逻辑与常识的，也构成剽窃。

所有社会研究的执行中都应避免参与者、受访者和采访者等相关人员面临任何身体或心理风险。由于社会科学研究涉及人类主体，因此需要以合乎道德的方式践行程序。1974 年，美国国会通过了《国家研究法案》(*the National Research Act*)，并依据该法的第二章成立了国家生物医学和行为研究科目保护委员会（Blokdyk 2018；Lane 2009）。《国家研究法案》指导所有赞助研究的机构设立机构审查委员会，现在通常称为伦理委员会（IRB）。设在本地的内部 IRB 现在负责仔细审查任何涉及人类主题的拟做研究（Blokdyk 2018；Lane 2009）。IRB 确保研究者考虑了研究对象的潜在风险和好处，从项目中能够获得重要的科学知识，从每个研究对象那里获得法律知情的同意，并确保研究对象的权益得到保护。IRB 审查旨在保护研究对象、研究者和机构（Fowler 2013）。在美国，几乎所有得到联邦资助的研究型大学和研究组织都成立了 IRB 来负责对研究项目进行监督、评估和审查。

—————结语—————

一旦研究者了解了整个研究过程，就能在准备阶段设法使研究过程变得更轻松、更高效。从研究问题的制订、研究方法的选择到最终的数据收集和结论，研究过程的每一步都需要仔细推敲，而不能略掉或跳过其中任何一步。人们在日常生活中都有主观的观点，但当我们进行时尚 / 服饰的社会科学研究时，尽管知道对其的主观兴趣来自我们的个人价值观和经历，我们仍必须学会持有客观的观点。

扩展阅读

Denzin，Norman（ed.）（2017），*The Research Act：A Theoretical Introduction to Sociological Methods*，London：Routledge.

Gaimster，Julia（2015），*Visual Research Methods in Fashion*，London：Bloomsbury.

Harnack，Andrew，Eugene Kleppinger，and Gene Kleppinger（2001），*Online!：A Reference Guide to Using Internet Sources*，New York：Bedford/St. Martin's.

Jenss，Heike（ed.）（2016），*Fashion Studies：Research Methods，Sites，and Practices*，London，UK：Bloomsbury.

Kumar，Ranjit（2019），*Research Methodology：A Step-by-Step Guide for Beginners*，London，UK：Sage.

Salganik，Matthew（2017），*Bit by Bit：Social Research in the Digital Age*，New Haven，CT：Princeton University.

$$3$$

ETHNOGRAPHY

民族志

民族志是一种质性的、描述性的、非数学的、自然主义的方法。它用来研究人类的生活和行为，包括人们在自然环境中的穿着方式。民族志讲的是关于一群人的故事，但它也是一个过程、一种探究的方法。这是一个调查过程，社会科学家——主要是从事质性研究的社会学家和文化人类学家，通过各种途径来研究人类如何行为以及为什么

会有这样的行为。

除了倾听和访谈外，民族志还包括参与观察和非参与观察。这些方法用来获得第一手资料以及对现实生活中自然发生现象进行描述。与实验不同，我们在研究中不对变量进行操作或控制。研究者对其所见所闻没有控制权，唯一能控制的是研究者在何地对谁进行研究。民族志研究的任务是重建所观察到的现象特征。这种方法可以揭示来自研究对象自身的视角，有助于发展新理论。但这些发现通常与一个特定的案例相关，对其他案例不具有普适性，也不适用于检验理论。

除了马林诺夫斯基所做的开创性民族志研究（2008［1922］），我们还可以从格尔茨（Geertz）关于文化解释的开创性著作（1973）中学到很多东西。他在书中明确指出，文化的概念与民族志密不可分，对于人类学家尤其如此。根据格尔茨（Geertz 1973:5-6）的观点，在人类学中，实践者所做的就是民族志，而正是在理解什么是民族志，或者更确切地说什么是做民族志的过程中，才能理解人类学分析作为一种知识形式的意义。民族志是"深描"（thick description）（Geertz 1973：9-10）。

许多社会科学家、人类学家，特别是从事质性研究的社会学家（Dalby 1983，1998；Eicher 1998；Hamilton and Hamilton 2008［1989］；Hodkinson 2002；Tarlo 1996，2010，2016）采用本方法来研究人们在特定文化中如何穿着，并探索服饰的文化含义和象征意义。在时尚／服饰研究中，本方法也是一种有用的方法，因为在某个特定领域中，每个文化对象（cultural object）或人工制品（artifact）都会让其自身适应环境。你不能只单纯研究服饰，因为服饰是适应其所在的文化背景的，并且二者的关系不可分割。

一些研究者发现，那些在跨越数十年的系列研究中，持续时间很长的参与观察能够产生对社会变革的理解，而这是任何其他方法都不可能做到的。不过大多数基础的民族志研究都是在一到两年就完成了。

民族志和质性研究通常等同于诠释性[1]或解释性研究，然而并非所有的诠释性或解释性研究都是民族志。对诠释学（hermeneutics）的关注涉及对意义的关注，它涉及如何说明、转译和阐释感知到的现实。在当代研究中，所谓诠释性关注就是研究参与者对其周围的现实意义进行准确阐释和叙述的关注。

——— 民族志简史 ———

弗朗兹·博厄斯（Franz Boas，1858—1942）虽不是第一个系统研究文化的人，也不是美国首位民族志学者，但他被认为是美国文化人类学田野调查之父。他率先将该学科专业化，引入文化归纳分析，并将民族志田野调查作为其主要研究方法。他在哥伦比亚大学培养了美国第一批人类学家，如阿尔弗雷德·克鲁伯（Alfred Kroeber）、玛格丽特·米德（Margaret Mead）、爱德华·萨皮尔（Edward Sapir）和鲁思·本尼迪克特（Ruth Benedict）[2]等，其中一些人写过关于时尚和服饰的文章。他们的成果可以应用于任何采用民族志方法的研究。

不过博厄斯对田野调查的实践和过程不是特别清楚，是波兰侨民布罗尼斯拉夫·马林诺夫斯基（Bronislaw Malinowski，1884—1942）通过对美拉尼西亚的特罗布里恩人（Trobrianders of Melanesia）的研究，提出了民族志调查的方法。马林诺夫斯基影响了 20 世纪的民族志研究方法，他第一个描述了密集田野工作（intensive fieldwork）是什么样的以及需要什么样的人类学家。他在特罗布里恩群岛（Trobriand）通过与当地人共同生活来收集数据并观察他们的日常活动。他于 1922 年出版的《西太平洋上的航海者》（*Argonauts of the Western Pacific*）一书广为流传，对那些将民族志作为研究方法的人产生了很大的影响。根据马林诺夫斯基（1922：3）的观点，所有民族志研究都应包括对研究方法和条件的说明，以便读者一看就能准确估计自己对作者描述的事实了解到什么程度，并且对作者在什么条件下从当地人那里获取信息有个大致的概念。

20 世纪二三十年代，芝加哥大学的社会学家受社会心理学家乔治·赫伯特·米德（George Herbert Mead）的影响，对以质性方法为主的社会学和人类学产生了影响。本书第 1 章"理论与实践"中提到，这些社会学家形成了芝加哥学派，其代表人物有赫伯特·布鲁默（Herbert Blumer）[3]、威廉·托马斯（William Thomas）、罗伯特·帕克（Robert Park）和查尔斯·霍顿·库利（Charles Horton Cooley）。他们代表了在社会学领域进行系统的民族志田野调查的第一波重大尝试。他们鼓励学生进行实地考察并重新认识他们的方法论，即马林诺夫斯基创立的"参与观察法"。

为了进行一项成功的民族志研究，田野工作者需要接近被研究对象，了解他们的语言，并进行高度的心理和情感参与，同时保持第 2 章"研究过程"中所提及的研究者应持有的客观立场。你在其他文化中持续不断地进出，此时你既要完全参与其中，同时又要以超然的态度进行观察。

许多民族志研究需要进入某个群体的环境里，然后认真观察和倾听。由于不可能在同一时间观察或倾听正在发生的所有一切，民族志学者只可能观察和倾听其中的某些部分。因此，作为一个研究者，你需要确定在研究中要了解哪些具体的方面。

——— 开展民族志研究前的准备 ———

你一旦确定在何处进行民族志研究，就必须确保能够进入这个地区或者社区，这是开展民族志研究的第一步。但在进行研究的过程中，融入研究对象时总会遇到各种问题，这与研究对象具体是谁以及研究设置有关。

提前了解并掌握与研究对象有关的文化背景和知识信息，会让你在研究中遇到相关事件时有所准备，这是研究顺利开展的一大保障。了解被研究人群的习俗、传统、规范和信仰可以使你方便地融入被研究群体。研究开始的第一步是到图书馆，在你开始田野研究之前尽可能地收集与研究对象文化相关的信息。在某些文化和社群中，有人引荐也是非常重要的。通过正式和非正式的社交网络去接触研究对象也很有用。有时候，你需要将自己先介绍给"把关人"（gatekeepers），在开展大量背景工作时，找找关系也是很有用的。找到合适的联系人可以让你接触到某些很难接触到的群体。

在以文化工作者的劳动作为切入点研究全球时尚产业的时候，Moon 坦率地写出了她在试图进入这个"领域"时所面临的困难（Moon 2016：70–71）：

> 我用了很多天进行田野调查，不知道下一个访谈对象应该找谁。这个行业里的人不断地告诉我"时间就是金钱"，我感觉等待别人主动联系我基本是不可能的。这时我才明白，在时尚界，找个能进行访谈的人有多难。我尝试着进入的这个世界有点排外，里面全是工作繁忙无暇谈话的人。我在进行田野调查之前列出了可能的联系人的名单，他们不认识我，我就直接给他们打电话，但在这个行业中，环环追踪（trace a commodity chain）并不是一个切实可行的方法。

Moon 后来利用了她的私人关系，通过那些恰好在相关产业工作的亲戚朋友帮她建立并发展了她的研究对象网络。

Manlow 在纽约一家时装店进行了一项民族志研究，她写道："我给大约一百家公司写了信，其中许多是知名的，剩下的则不那么有名。但我只收到了两家公司的回复，分别是 Leslie Faye 和 Tommy Hilfiger（2007：vii）。"Manlow 在 Tommy Hilfiger 进行了一次参与观察。公司安排她做实习生，她因此有了员工证件、电子邮件账户、办公桌和电脑。她还被授予了一些内部特权。但像许多研究时尚的社会学家一样（Aspers 2001；Entwistle 2009；Kawamura 2004，2012，2016），她并不关心服装的实际原材料，而只是对组织时装设计的过程、存在何种组织文化以及 Hilfiger 等人怎样管理公司感兴趣。为了保护受访者隐私，他们的真实姓名被隐藏，采用的是化名。在一项关于男性时尚模特和时尚购买的民族志研究中，Entwistle 写道，她没能接触到那些大家都知道很难接触到的内部照片（Entwistle 2009：4）。在整个研究过程中，访问权问题都必须随时进行反复协商，它是建立在研究者和整个项目中被研究者之间的一系列关系之上的。

民族志研究者如何进入他们的研究环境，这是因个人而异、因地而异、因文化而异的。有些人比其他人更容易接受（研究者），有些社区比其他社区更欢迎（研究者），使其更容易进入。相比之下，还有一些人对外人更加怀疑，不愿意接受陌生人。作为民族志研究者，如果你不能在一定程度上被接受，那么你将无法进行任何民族志研究。

作为局内人或局外人的研究者

根据研究主题和研究地点，作为民族志研究者，你可能部分地成为你正在研究的群体的局内人，又或者你可能开始是局外人而后来变成了局内人。这两种情况都各有优缺点。

Tarlo（1996）在印度的古吉拉特村（Gujarati village）进行了一项民族志研究，研究的内容是当地的文化及其服饰。她遇到的一个家庭对她很友好，原因是 Tarlo 和她的同事与这个家庭的初次接触是通过他们在城里学习的小儿子进行的。Tarlo 是一个在英国生活和工作的印度人，与任何特定的种姓（1996：133）都没有什么联系，她很难弄清楚在与研究对象接触时她应该怎样穿着，什么样的着装方式才是最合适的。

同样，Hodkinson（2002）对英国的哥特式场景（Goth scene）进行了多年深入的质性研究，他本人也是哥特（Goth）亚文化的一分子。作为一个完全的局内人，他知道要成为亚文化的一分子，自己应该如何打扮，听哪些音乐，阅读哪些杂志和小说。Hodkinson（2002:4）写道：

"自 20 世纪 90 年代初期，我一直热衷混迹于哥特式场景，但在 1996 年，我个人的参与变成了一个广泛的研究项目的一部分。"他"因为长期真正参与哥特式场景而具有了明确的地位"（2002：4）。但是，研究者应该采取与内部人员不同的观点。

主观经验和意义需要对研究目的和理论进行批判性解释，并辅以更多有一定距离的观察和分析形式（Hodkinson 2002：6），因此需要研究者后退几步，以便能够批判和客观地评估与评定研究结果。

民族志客观性的困难

在社会科学中，保持客观的重要性被反复强调。民族志作为一种研究方法，要求研究者在沉浸于这个领域中时保持客观的意识。在民族志中，总是存在着"本土化"的危险，这意味着你完全沉浸在他们的文化中，这是该方法为数不多的禁忌之一。这种"本土化"曾备受批评，但在后现代时代，那些接受后现代[4]的经验主义和客观性批判的人主张打破观察者和被观察者之间的传统障碍。一些研究者将民族志过程描述为主观的而非客观的，研究者可能不得不在客观性上稍作妥协。在民族志中，你不是只对着数据进行统计分析，你每天都在与有情感和感觉的人互动。

因此，在参与观察中，虽然研究者深知客观性的重要性和意义，但人们往往认为客观性很难维持。Dalby 对日本文化、艺妓与和服进行了民族志研究。她去了日本，和艺妓住在一起，在 14 个月的学习期间（1983：xiv），采访了 14 个艺妓社区的艺妓、前艺妓、艺妓院主和登记处的官员。Dalby 设法进入了一个秘密的、传统上不对外开放的艺妓世界。她采用参与观察，像其他艺妓女孩一样取了艺名，并与她们一起参加聚会和活动。Dalby 写道：

> 我试图成为一个敏锐的观察者，但我很快发现我已经全身心投入到这项努力中，无法维持传统研究者与研究对象之间的应有距离。我全神贯注地学习当艺妓。保持客观性，对经历的整理分析都是很久之后的事了。（Dalby 1983：xv）

因此，作为艺妓，她试图将局外人和局内人的观点结合起来。她解释说，她的研究不仅是一个民族志，而且是一个解释性的民族志，它解释了艺妓世界中的人、物和情境的文化意义。她有意用第一人称来写她的书，这在以此类研究为基础的出版物中几乎是独一无二的。

格尔茨是一位坚持研究者必须是一个完全的局内人的学者之一。观察社会行为的象征性维度——艺术、宗教、意识形态、科学、法律、道德、常识，并非去感情化地远离生活的困境，而是要置身其中（Geertz 1973：30）。

研究者必须意识到自己是其正在调查的社会中的一部分。它要求研究者避免简单地接受一切表面上的东西。民族志是一个收集系统性观察的过程，这个过程一部分通过参与实现，一部分通过各种类型的访谈，以及摄影、档案检索和分类文件来实现。作为一个外国人和一个局外人，长期沉浸在外国社会文化或陌生社区中，使用互动研究方法对自我及他人的看法有深远的影响。研究者的身份对收集到的数据有决定性的影响，这可能会损害客观性，而这正是社会科学的一个关键因素。

霍桑效应（又称观察者效应）

进行民族志研究的障碍之一恰恰就是研究者在研究中的存在。当研究对象意识到民族志研究者的存在时，可能会改变自己的行为，不再表现出平常的言行，这种现象被称为霍桑效应（Hawthorne effect）[5]。民族志应该在研究对象的自然言行中进行。霍桑效应的影响通常是短暂的，但每次有新的研究对象被介绍给研究者时，在这种社会条件（social setting）下出现的民族志研究者肯定会在不同程度上重新激活霍桑效应。民族志研究者必须是隐形的，因此在研究中必须力争做到隐形。成为隐形的研究者，在不被注意的情况下观察正在发生的事情，在不影响参与者的情况下捕捉环境和参与者的本质，这是一种能力。例如，如果一个通常穿 T 恤和牛仔裤的人发现她正在被研究，然后突然穿上了外套，在这种情况下，民族志研究就不能再进行了。

然而，一般认为参与观察可以减少反应性（reactivity）问题，就是说当人们知道自己正在被研究时，他们会改变自己的行为。低反应性意味着数据的有效性更高。低反应性意味着你可以直观地了解一种文化中正在发生的事情，你在谈论数据的含义时可以更自信。它还可以让你对收集到的文化事实做出有力的陈述。有些东西你无法从调查或问卷中获得。参与观察使得从具有代表性的人群样本中收集调查数据和访谈资料成为可能。

———— 进行民族志研究 ————

格尔茨说，做民族志就是建立融洽关系，挑选线人，抄写文本，记家谱（genealogies），绘制领域地图，记日记，等等。但定义这项事业（enterprise）的不是上面那些东西，也不是技术和程序。定义它的是智力上的努力：用吉尔伯特·赖尔（Gilbert Ryle）的话来说，就是在"深描"（Geertz 1973：6）里的精心冒险。与"深描"相对的是"细描"（thin description）。

田野工作包括观察和参与观察。这看上去似乎是一种很简单的研究手段，但观察作为一种方法并不像人们想象的那么容易。它需要你对正在学习的东西有深入的了解。你睁大眼睛竖起耳朵，就像一堵人形墙壁一样。在参与观察中，你不仅是在观察，也会参与和融入你所研究的人群中。

> 民族志学者实际上面临的是复杂的概念结构，其中许多概念结构相互叠加或交织在一起，这些结构既奇怪，又不规则，令人费解。对于这些概念结构，他必须设法先掌握，然后才能呈现那些将民族志作为一种研究方法的人解开了盘根错节的网，从而了解文化是由什么组成的。做民族志就像读一本来自异域的乏味难懂的手稿。（Geertz 1973：10）

例如，Eicher（1998）在尼日利亚的田野工作中考察了纺织品和珠子在卡拉巴里人（kalabari）生活中的重要性。1983年，她观察了葬礼上的舞蹈，并研究了舞者的穿着。从 1980 年至 1996 年，她对从 8 次实地考察中获得的田野观察记录、照片和笔记进行了整理。她发现用玻璃珠装饰的帽子和腰带是 Fubara 家族所特有的财产，主要由妇女在葬礼仪式上佩戴。Eicher（1998）还考察了制造珠子、给珠子穿线或从事其他与珠子相关工作的妇女的劳动条件，分析了她们扮演商人、企业主和其他妇女的雇主这些角色时的活动。在她的研究中，她探讨了珠子在从制作到交换的过程中所具有的用途和象征意义。

Adler 等人解释了民族志研究者应该做什么和不应该做什么：

> 观察者既不刺激也不操纵他们的研究对象。他们不向研究对象提出与研究相关的问题，也不给他们布置任务或故意制造新的矛盾。这与使用访谈问卷的研究者和实验研究者形成鲜明对比。使用访谈问卷的研究者会引导互动，并引入潜在的新观点；而实验研究者则经常建立结构化模型，通过改变某些条件来测量其他条件的协方差。
> （Adler and Adler 1998：80）

民族志研究者在将自身置为局内人的同时，也是一个客观的观察者。在身体上他们融入观察对象之中，但在情感上，却与观察对象保持着隔离。但因为身心一体的缘故，有时候要保持这种距离也是很难的（Adler and Adler 1998；Bratich 2017）。

习惯周围环境并发展人际关系
当民族志研究者到达一个新地方时，通常会去其打算作为研究环境的地方附近转悠，并仔细地描绘背景地图。他们需要确定研究范围以及如何有效且高效地开展研究，如每天需进行多少小时研究，哪些天或者一天中的哪几个时段是最佳的研究时间等。通过四处转悠，研究者既可以结识居民，也可以让他们习惯研究者的存在。研究者因此可以获取第一印象，虽然这些印象可能不太准确，但在以后的研究中可以作为参考。

这个过程是进入研究领域和社区的一部分。参与观察是民族志研究的基础，它关系到在一种新的文化和社区中如何建立融洽关系以及学到正确的行为方式，让你在场时人们仍可以像平常一样行事，让你可以每天从文化沉浸状态中抽离，客观地观察你所看到和听到的事物。一开始就保持微笑和问候可以帮助你熟悉当地人，找到向导（guides）和线人。向研究对象详细说明研究的技术细节不是一个好主意。他们没有必要，也没有兴趣知道你研究的所有细节。对他们而言，知道你是谁以及你在做什么就足够了。所以，你只需做出简短回应即可。最重要的是获得他们的信任，在你接近他们时尽量减少他们的焦虑。你也可以告诉他们，研究期间收集的所有信息都将保密。一旦你跟向导或线人建立了融洽的关系，你就可以开始和其他居民建立更多的关系。

跟踪、观察、倾听、提问、访问和记录

当你与几个向导及居民建立起联系后，你就可以开始自由地了解研究范围内的居民之间发生了什么。跟踪的意思是在向导的日常生活中跟随他们，观察他们的活动以及与他们互动的人。当你在跟随和观察时，你也可以倾听他们的谈话。在非正式询问过程中时，你可以提

问但必须充当被动的角色。迅速记下回答的要点，以后找机会再详问，而不是用新问题打断正在进行询问的过程。

在民族志研究中，访谈也可以用来对观察和参与观察进行补充。调查中会用到结构化和半结构化访谈，而民族志则使用非结构化访谈，关于结构化和半结构化访谈将在第 4 章"调查方法"中详述。在非结构化访谈中，所有问题都没有固定的顺序或措辞，可以采用任何表达形式。采访者可以回答问题并做出澄清，可以在访谈中添加或删除问题。在田野调查中，这种操作可以扩大调查范围。非结构化访谈允许研究者通过提问来获得关于他们可能观察到的各种现象的额外信息，并为其提供重要的信息和数据，这些信息和数据来自各种已发表和未发表的文章和文件。

民族志研究的核心组成部分是民族志记录（ethnographic account）。保持完整、准确和详细的田野记录，可以对研究对象生活中发生的事情提供叙述性记录。由于人们的记忆力有限，田野记录应在每次田野考察之后，或是在研究环境之外与居民的任何偶然会面之后立即完成。有很多不同的方法来完成现场笔记。有些研究者一离开研究区域就立即写下完整的记录，有的则在田野调查时偷偷记下缩略笔记，然后再将其转成完整的现场笔记。现场记录通常包括观察的日期、时间和地点；现场发生的具体事实、数字和细节；感官印象，如视觉、声音、纹理、气味和味道。现场笔记中还记录个人反应。具体的单词、短语、对话摘要、对现场的人或行为的疑问都会被记录下来，以备将来之用。

现场笔记的记录有很多种方法。例如，一些民族志研究者携带录音机，定期录下自己的笔记或记录他们所听到的各种对话。另一些则携带笔记本或索引卡，在整个田野考察过程中定期进行速记或逐字记录对话。一旦走出研究区域，研究者就可以使用这些笔记和速记下来的要点来写下完整的报告。

研究中的线人 / 合作者的作用

线人（有些人更喜欢称他们为研究合作者）在民族志中起着至关重要的作用。他们参与日常活动，是被研究群体的内部人或当地人。线人将你介绍给社区的其他成员，你的人际网络可能会就此开始"滚雪球"。民族志研究者必须让线人确信，自己就是对他们所声称的那样，并让线人认知到这项研究是有意义的。民族志研究者拥有的可靠的线人网络越大，获得进一步合作的机会和能力也就越大。线人可以将民族志研究者介绍给那些很难接触到的群体中的人。

Aspers 在一项对瑞典时尚摄影市场的研究中，对线人的重要性做出了如下描述：

> 当我开始这个项目的时候，我对时尚摄影市场知之甚少，我的研究议程是分散的，研究没有明确的重点。后来的事情证明，在这个阶段，线人特别重要。他们给了我一些我可能不会要求的信息，提供了关于研究对象和如何开展研究的想法。仅仅通过与他们的交谈，我就有了很多想法，并且产生了更多的问题。（Aspers 2001：39）

Aspers 的线人包括三名摄影师、三名助理和一名造型师，他们为

Aspers 提供了有价值的信息。他学到了一些他仅从阅读中无法想象的东西，比如演员们所做的大量无偿工作。

线人通常是研究者所研究社区或群体的内部人士。研究者被认为是局外人，很难接触到未公开或机密的信息，相较而言，线人则拥有更多的内部信息。

进行民族志数据分析

民族志的基本目标是对所研究的文化或社区进行生动的还原。为了进行分析，首先要求研究者将他们赋予行为和信念的任何经验性的、无偏见的含义与研究对象对相同行为和信念赋予的含义区分开来。研究者构建的对现实的描述与研究对象用来构建现实的描述，其含义可能大不相同。社会建构的现实，对每个人来说都是不同的（Berger and Luckmann 1966）。民族志研究者关心的是准确地解释事件和人们的行为，但因为他们只能看到文化和社会现实的一部分，他们在描述这一问题时苦苦挣扎。许多民族志研究者认为，一个文化或社会场景的真实性是多种感知的产物，包括研究者的感知以及研究者与他们所研究的对象之间的互动所产生的感知。问题变成了决定对谁的现实进行描述以及描述多少，怎样叙述，到什么程度才合适（Geertz and Marcus 1986）。

在这个阶段，就应重新审读你所收集的数据。检查数据的完整性，重温一遍研究范围。将分析放在数据收集完成之后的研究者应在离开现场之前就检视他们的记录，以便让数据的收集或记录过程中意外留下的关键空白可以得到修补。你可能对某些事件过于熟悉，反而忽略了对其进行完整的记录。你可能会遗漏那些你认为理所当然的细节。

这会导致你漏掉某些有价值的信息和证据。因此，数据收集和数据分析必须几乎同时进行（Hamilton and Hamilton 2008［1989］）。

接下来，根据笔记创建大纲。大纲从寻找规律开始，即那些在人群中经常发生的事。将模式和规则转换成类别，好对随后的项目进行分类。这些类别或模式是从数据中发现的。它们出现在一个相对系统化的对程序的应用之中，这可能引向一个新理论的构建。

——— Shukla 对服装和身份的案例研究———

Shukla 探讨了身份与在特殊场合穿着的服饰之间的联系，展示了服装如何帮助个人选择、接受和展示那些无法通过日常穿着来表达的身份。我们都有多重身份，其中一些身份只能通过服饰来表达（2015 a：5）。她的研究包括从特定案例研究中获得的深入型（in-depth）的民族志数据，这些案例包括：巴西，这里种族、政治和反抗通过狂欢节服装进行交流；瑞典，这里民间服装被用作传统的表达方式；复古协会（Society for Creative Anachronism）的装束；一种根据内战重现表演者重新创作的军事制服；以及威廉斯堡古迹区（Colonial Williamsburg）讲解员的职业制服。

专注于具体的案例研究并呈现出大部分人的声音，其目的是让研究者思考，对制作者、穿着者和旁观者而言，以服装来表达身份范围的意义和功能（Shukla 2015a：15）。例如，Shukla 记录并拍摄了 2007 年印第安纳州布卢明顿的万圣节服装，并在 2009 年 12 月再次对其进行了拍摄，观察了郊区的社区和购物中心的儿童服装以及大学夜间派对上的成人服装（Shukla 2015a：6-7）。作者进一步解释说：

> 我观察并记录了 1996 年、1997 年、1998 年萨尔瓦多的夏
> 季节日和嘉年华（carnivals）。与嘉年华团体（bloco）Filhos de
> Gandhy 的许多成员进行了交谈。2007 年和 2009 年，我在淡季期
> 间再次前往，对团体领导人进行了深入采访。为了加深我对 Filhos
> de Gandhy 的哲学、美学和服饰的理解，我与董事会的三位主要
> 成员以及当值的主席进行了交谈。我在巴西长大，我的母语就是
> 葡萄牙语，在与他们交谈时，我很自如地说着葡萄牙语。（Shukla
> 2015a：20）

深入型民族志（In-depth ethnography）是一个漫长的过程，需要时间、耐心和成本。对同一地点的重复访问可以让研究者确认并再次确认他们的发现和数据。每次访问人们可能会发现更多的证据，对研究进行补充，因此，民族志是永远不会结束的。

——— Hamilton 等人对 Thai Karen 服饰的开创性研究 ———

在对非西方民族服饰的研究中，民族志方法非常受欢迎。Hamilton 等人的这项开创性研究最初发表在 1989 年的《服装与纺织研究杂志》（*Clothing and Textile Research Journal*）上，内容是关于山地民族——喀伦族（Karen）所穿戴的服饰。作者清楚地指出了他们使用的方法和他们的研究是如何进行的。通过观察和参与观察，他们收集到的数据包

括原始的现场笔记、幻灯片和照片以及实物制品。他们对所采用的数据收集方法解释如下：

> 数据收集的技术包括但不限于结构化和非结构化访谈、生活史、邀请和主动对话、参与日常和季节性活动及从中获得的经验、对进行中的行为和互动做无干扰观察（unobtrusive observation），以及对物质文化的运用和产品的观察。（Hamilton and Hamilton 2008 [1989]：142）

如果你在没有任何背景知识的情况下看一件喀伦族妇女的衣服，你就不知道这件衣服象征和代表了什么。通过观察穿这件衣服的人，以及她与其他男人、女人和孩子的互动、交流和社交的方式，我们知道了这件衣服对她意味着什么，以及在其文化中代表了什么。民族志在这一研究中起着至关重要的作用。

Hamilton 等人的民族志数据是其中一个作者在泰国西北部一个喀伦族部落村庄进行了近两年的田野调查收集的。这两年的田野调查分为两个阶段：（1）为期 17 个月的第一次研究；（2）第一次研究结束 10 年后进行的为期 6 个月的研究。

对于进入拟研究社区所做的准备和技巧，作者进行了如下解释。在田野调查开始之前，研究者在曼谷花了 5 个月的时间对泰语进行了深入研究，熟悉政府对研究提出的限制，评估潜在的研究地点。研究进入实地后，他在距喀伦族村 2 英里的一个泰国村庄住了 10 个月，每天骑自行车往返田野。在充分掌握喀伦语并且不再需要翻译之前，他雇用了一名喀伦语翻译。在非英语文化中，掌握研究对象的母语是进行民族志研究的一大优势。

> 10个月之后，他在喀伦族村庄赢得了足够的信任，对村里的神灵进行了足够的安抚。他被允许搬进村子，在村中盖房。最后他被村长正式收为养子。（Hamilton and Hamilton 2008［1989］:143）

民族志是一种耗时的方法，但民族服饰的研究需要这样的方法论策略。为了研究未知和不熟悉的文化对象，如泰国喀伦族的服饰，我们必须明白这是研究它的唯一途径，因为在用英文记录的文档和文献中几乎没有任何相关主题的资料。

———— 结语 ————

民族志涵盖各种类型的广泛实地调查，包括观察、参与观察、正式和非正式访谈、文件收集、拍摄和录音等。它是一个试图描述和解释个人与群体之间的社会表达的过程。我们研究它们之间相互作用的背景和性质。描述性研究的目的是准确地记录所发生的事情。一组经验数据可以生成对事件、相互作用和活动的完整描述，从逻辑上讲，可以直接引发对类别与关系的解释。只有通过民族志研究才能准确解释人们在什么情况下穿什么衣服的原因和方式。

Craciun, Magdalena (2014), *Material Culture and Authenticity*：*Fake Branded Fashion in Europe*, London：Bloomsbury.

Csikszentmihalyi, Mihaly, and Eugene Rochberg-Halton (1981), *The Meaning of Things*：*Domestic Symbols and the Self*, Cambridge, UK：Cambridge University Press.

Krause, Elizabeth L. (2018), *Tight Knit*：*Global Families and the Social Life of Fashion*, Chicago：University of Chicago Press.

McCracken, Angela B. (2014), *The Beauty Trade*：*Youth, Gender, and Fashion Globalization*, Oxford：Oxford University Press.

Moore, Madison (2018), *Fabulous*：*the Rise of the Beautiful Eccentric*, New Haven, CT：Yale University Press.

Tarlo, Emma, and Annelies Moors (eds.) (2013), *Islamic Fashion and Anti-Fashion*, London：Bloomsbury.

SURVEY METHODS

调查方法

目标

- 了解什么是调查方法以及该方法的组成
- 学习如何制作问卷
- 学习怎样进行访谈
- 研究如何选择研究样本，创建焦点小组和进行案例研究
- 认识利用制图软件绘制图表的重要性
- 区分结构化访谈和半结构化访谈

　　几乎每个人在一生中都回答过调查问卷。对被研究者而言，调查问卷与第 3 章中讨论的民族志相似，是一种"强加于人"的方法。调查方法中的一些答案被转换成数字，变成可以量化的。因此，这种方法既有量化成分也有质性成分。但在本章，我只讨论进行统计操作之前的步骤，以及拿到专业人士提供的统计结果之后的步骤。

我还将讨论涉及调查方法的其他方面，例如怎样拟定开放式问题和封闭式问题，怎样明确研究对象，怎样得到抽样的样本群体，怎样创建焦点小组等。这种方法不仅市场营销人员和行业从业者会经常使用，学术界也会采用。

───── 调查方法是什么？ ─────

研究方法中的调查方法（survey method）是指研究对象在问卷或访谈中，对一系列陈述或问题做出回应。调查方法非常适合不能通过观察或参与观察法直接研究的对象（如第 3 章"民族志"中介绍的那些）。调查方法涉及对观点、信仰或行为等方面进行提问，偏好使用量化研究方法的社会学家、经济学家、市场学家常常采用本方法，只是他们的研究目标与我们的不同。

举个例子，假设我们想调查某地顾客购买服装的行为是否存在性别差异，就可以采用调查方法。如果有理论认为社会阶层决定个人对服装或时尚的品位，那么就可以通过收集调查数据来验证这个推断是否成立。

调查方法的程序包含多种数据收集和测量的方式，它们的共同特点是（Fowler 2013）：

  （1）调查的目的是进行统计，是对研究群体进行量化的或数字上的描述。

  （2）收集信息的首要方法是向人们提问，他们对问题的回答就

（3）总体而言，只是从研究总体的某一部分（即样本）收集信息，而不是从每个研究对象那里收集信息。

调查以总体为目标，如生活在大城市里的高收入单身女性。有时候总体过于庞大，对研究者而言，不可能完成对庞大人群的调查。因此，研究中通常用样本（sample）来代表总体，由于样本的个体数量相对较少，所以研究者就能对样本中每个人进行调查（Fowler 2013；Rea and Parker 2014）。

调查结果最后将被转换成量化形式的数据，这一过程可被视为单独的专业领域，量化后的调查数据可由专业统计人员处理。本章不涉及调查数据的统计操作和具体的统计方法。因此，那些没有统计学背景知识的人也应该能够理解本章所讲授的内容。通过了解整个调查研究过程，研究者可以编写包含简单趋势分析的报告，指导调查数据收集过程，或者熟练地使用已有的调查数据，即进行所谓的"二手数据分析"（secondary data analysis），本书第 8 章"其他方法"将对其进行介绍。

调查方法是一种非常实用的工具，不仅对研究者和学生适用，对时尚行业的专业人士也适用，如营销人员或服装商。例如，消费者对时尚最新款式的态度，他们更喜欢某些款式的原因，或者名人对流行时尚的影响程度，都可以被测量和分析。

访谈和问卷各有优缺点。自填式问卷经济实用，但调查问卷可能无法回收；个人访谈在时间和经济成本上非常昂贵，但可以获得更多的回答（Rea and Parker 2014）。虽然并非所有的调查都会用到面访，但雇用访谈员进行提问并记录答案是很常见的。使用访谈员时，要避免他们对受访者的回答产生影响，同时应最大限度地提高受访者回答问题的准确性，这一点很重要。除了有效访谈所需的各种技能和技巧外，访谈员和受访者的角色、融洽的关系以及获取困难 / 敏感材料和议题等都需要考虑到。

最近采用调查方法进行的研究有 Barry 的《（重塑）时尚男性：混合男性气质服饰中的社会身份和背景》(*(Re)Fashioning Masculinity: Social Identity and Context in Men's Hybrid Masculinities through Dress, 2018*)，该研究通过访谈调查了男性在表达和表现男性身份时对衣着（wardrobe）的选择。他研究了男性在日常生活中通过选择、造型和穿着来表现"混合男性气质"（Hybrid Masculinities）的三种方式。同样，Olajide（2018）就"尼日利亚女大学生对时尚服装的社会影响和消费者偏好"展开了大规模定量研究。作者采用随机抽样技术，在尼日利亚西南部选定的大学中选取 1 175 名女大学生作为调查对象，资料收集采用的是结构式问卷的方式，数据分析采用了描述统计和推断统计。

抽样

第 2 章"研究过程"中提到，在开始调查之前，你必须确定研究群体。选择好群体之后，再对群体中的个人进行研究。如果群体规模相对较小，就能接触和采访其所有成员。如果群体规模庞大，那么与所有成员联系将花费太多的时间和金钱。在这种情况下，我们需要选择一个样本，从较大的人群中选出相对较少的群体。样本必须能准确地代表整个群体。否则从样本中获得的信息将无法适用于总体。这一点必须牢记，否则可能会产生误导性的结论。

要使样本具有代表性，就必须让总体的所有成员都有同样的机会被选为样本。实际上，选择必须是随机的，这就是为什么一个具有代表性的样本通常被称为随机样本。选择随机样本的一种粗糙的方法是将一个群体中所有成员的名字混合后，再根据样本的需要从中抽出尽可能多的名字。如果人数非常多，使用这种方法就太麻烦了。从庞大人群中随机抽取样本有更复杂和更方便的手段。最常用的方法是系统抽样和分层抽样。系统抽样是系统地而不是随意地抽取随机样本的过程。它需要确定一套抽样的原则，例如，在对总体排序后，按每隔十个或每隔一百个的顺序进行抽样。与此相反，当总体可分为不同的阶层或类别时，例如可以分为男性和女性时，则应采用分层抽样的方法。为了得到一个分层的样本，我们必须知道每个类别在总体中所占的比例，然后对每个类别进行随机抽样，抽样完成后，每个类别在样本中所占的比例与这个类别在总体中所占的比例应完全相同。因此，这个过程，就是让不同类别的人群按其在人口中的比例来代表总体的随机抽样过程（Thompson 2012）。

案例研究

案例研究方法包括系统地收集特定个人、社会背景、事件或群体的信息，以使研究者能够有效地理解研究对象是如何运作或发挥作用的（Feagin, Orum and Sjoberg 2016）。事实上，案例研究并不是数据收集技术（data-gathering technique）而是一种方法路径（methodological approach），是用于处理一系列的数据收集的策略（data-gathering measures）。在一般的田野研究和对个人或群体的访谈中，案例研究的路径有很大的不同，它既可以关注个人、群体或整个社区，也可以利用一些数据收集方式，如生活史、文件、口述历史、深度访谈和参与观察。

质性研究者使用案例研究方法作为其研究的指导。丰富、详细和深入的信息是案例研究中收集的信息类型的特征。

案例研究是对单一社会现象所做的多方面的调查，通常被认为是更广泛现象中的一系列相似实例中的一个（Feagin, Orum and Sjoberg 2016）。案例研究还可以包含就对象所处的自然环境进行研究。你的案例研究可能是伦敦的一位新兴设计师，也可能是巴黎的一家新开的高级时装店。你也可以对一系列相关社会现象的案例展开研究或分析。

研究通过将注意力集中在某个现象、个人、社区或制度上，旨在揭示这种现象、个人、社区或制度的重要因素之间的明显交互作用。除此之外，研究者能够捕捉到其他研究方法可能忽略的各种细微差别、模式和更隐蔽的元素。案例研究法倾向整体描述和解释，适用于对任何现象的研究。

焦点小组

焦点小组是对群体就某一特定主题的反应开展研究的方法，其成员不必事先互相认识。它被视作一种为小型团体设计的访谈方式。利用这种方法，研究者努力通过讨论了解不同群体中有意识、半意识和无意识的心理和社会文化特征及其过程。焦点小组访谈是针对小组和研究者感兴趣的或相关的特定主题所开展的指导性或非指导性讨论

（Barbour 2018）。一个典型的焦点小组是由很少数参与者组成的。焦点小组访谈结构中的非正式小组讨论氛围旨在鼓励研究对象自由完整地谈论他们可能的行为、态度和观点。

你有时可能希望进行一次群体访谈，例如，一次性采访几位青年亚文化成员。当一个团体的一名成员做出回应时，其他成员可能会想起类似的经历，或者可能希望补充一些他们认为重要的细节。

例如，你想调查为什么有些人迷恋甚至崇拜某个特定的设计师品牌。于是，你要选择一个只穿特定品牌的焦点小组。你可能会发现他们在购物行为、信仰和对某个品牌的态度上有很多共同点和相似之处。

当焦点小组得到正确和有效管理时，成员是非常活跃的。焦点小组成员间的互动可以让其中一个参与者对另一个参与者的评论做出反应，并激发更多的讨论。有一位在焦点小组访谈方面具有经验的主持人是很重要的。主持人可以使用一组标准的问题，依次提问，这可能会激发出积极的讨论。通过这种方式，你能获得难以收集的信息。这种方法已经成为质性研究者数据收集技术中的一个重要组成部分。

问卷

调查问卷广泛应用于社会学、经济学等社会科学领域，也被不同的利益群体所采用。问卷的表述方式会影响问卷调查的结果。

除了选择主题外，调查还必须有一个具体的提问和记录答案的计划。最常见的方法是给被调查者一份带有一系列书面陈述或问题的自填问卷。研究者让被调查者对每一项可能的回答进行选择，比如在多项选择题或封闭式问题中，答案要么是"是 / 否"，要么是一个词或短语。

拟定出了调查问卷，社会科学研究者还不一定能获得可以解释日常生活的新知识，因为当被调查者只能在问卷所提供的有限答案中进行选择时，他们选出的答案可能无法准确反映他们的观点。在制作问卷之前，你提出的研究问题必须清晰明确。问卷中的每个问题都应该与你的研究主题相关。如果不能有效地设计和组织问题或项目，那么你可能就无法达到你的研究目标（Thompson 2012）。

研究者有时可能希望被调查者能自由地做出反应，允许他们提出所有的观点。在这种情况下，就需要提出开放式问题。许多研究者更偏好开放式问卷，研究者可以根据被调查者对初始问题的反应提出追加问题。虽然这样做会让数据的组织和分析更困难，但是这往往会成为产生洞见的源泉，让研究者对所研究的事物有质性层面的新认识。

当研究者探索较为陌生的话题时，开放式问题就比较适合。如果关于这个主题的相关文献很少或者压根没有，那么你就可以进行一个测试研究（pilot study），向人们提出开放式问题。他们在测试研究[1]中的回答可以作为后续研究中问题选项的基础。当你考虑在问卷中使用开放式问题时，请记住，如果许多受访者认为他们回答得像精心撰写一篇论文，那么他们通常会拒绝填问卷，因为这太像考试了，甚至非常耗时。你可以让他们写下一些想法或要点。如果你需要问很多开放式问题，需要得到广泛的回答，你就应该考虑放弃使用问卷调查的形式而采用面对面访谈，这样你的受访者就不需要写任何东西了。

收集人口统计信息和衡量态度的项目

问卷中通常还包括人口统计的项目或问题，从而可以获得相关的背景特征，如性别、年龄、种族、民族、受教育水平、收入、信仰等。有时候，提出这些问题是为了达成研究目标的需要，但要慎重使用这些问题。你无须提出与研究主题无关的问题，因为大量的人口统计问题会让问卷变得过长，与简短的问卷相比，过长的问卷会大大降低其效率。这类问题你问得越多，填写问卷的人可能就越觉得这是在侵犯他们的个人隐私。因此，人口统计类问题应尽量少，你可以通过使用现有的信息来减少对人口统计信息的收集。比如，如果你只向高中生发放问卷，他们很可能就是十七八岁的样子，因此就没必要问他们的年龄了。

问卷可以用来测量态度。态度是人们对群体、组织和机构等的一种普遍倾向。当你测量态度时，你会对感受、行动、未来的潜在行动等提问（Fowler 2013）。例如，我们可以测量人们对最近流行趋势的态度，如男孩穿粉红色或其他传统上属于女性的颜色。当我们要测量这个时，可以询问被调查者在购买粉色服装时，或是当他们的父亲、丈夫、男友及其他男性伴侣（male partner）穿着粉色服装时的感受：适宜还是不适宜？社会可以接受还是不能接受？

在 20 世纪 30 年代，伦西斯·李克特（Rensis Likert）[2]主张使用可以让被调查者表明在多大程度上同意或不同意某个陈述的项目（items），这就是态度量表（attitudinal scale）。要写一个李克特（Likert）类型的项目，首先得写一个简单的声明性陈述，然后列出要求受访者回答同意程度的选项，如强烈同意、同意、中立、不同意和强烈反对。在李克特类型项目的选项中，要慎用"不知道"，因为选择了这个选项实际上没有对问题进行回答，也没有为你提供能用以分析的信息。

准备统计图表

进行问卷调查的过程是质性的，但是问卷调查的结果（对非开放式问题的回答）可以转化为数字然后进行统计分析。这些数据可以通过图表展示并进行分析，而对开放式问题的回答则仍需要进行质性分析。如果问卷不复杂，你可以自己计算。假如统计学者已经完成了对结果的统计，并将结果交给了你，那么你就可以创建统计图表了。如果要对问卷中的每个项目分别进行分析，那么第一步是确定有多少受访者标记了每个选项。使用字母"f"或"N"或"n"来表示回答频率。

示例：

年龄	受访者人数	%
20~25 岁	90	45
26~29 岁	50	25
30~35 岁	40	20
36 岁及以上	20	10
	N=200	100

对于态度量表，你对每一个项目进行评分，并将这些项目的得分相加，得到每个受访者的总分。总分表示被调查者对量表对象的积极态度的程度。当使用这样的量表做分析时，第一步是确定有多少受访者分别获得多少总分，并将数据组织成一个表格。

计算百分比，并将其与频率一起排列在一个表格中（百分比的计算方法是将部分除以总体，再乘以100）。百分比相对于频率的一个主要优点是，它使两个及以上规模不同的组的结果具有可比性。刚开始从事研究的研究者中普遍存在一个误解，即所有被调查者群体的规模必须一样才能对其进行合理的比较。

示例：

问题：纽约高档百货公司的售货员如何对待顾客？（N=200）

比例	非常好	好	一般	糟糕	非常糟糕
N	14	35	98	32	21
%	7	17.5	49	16	10.5

对于定类数据（nominal data），可以考虑绘制条形图。对身份的测量就是一种定类数据，它将结果中两个或更多的显著特征区分开来；定类尺度（nominal scale）将个人或一组事物标记或命名为类别（Few 2012；Flynn and Foster 2009）。例如，如果你让受访者说出他们的性别、宗教信仰、大学专业，这些都会成为定类数据。又如，可以为种族 / 民族指定值——1= 白人，2= 西班牙裔，3= 美洲印第安人，4= 黑人，5= 亚裔，6= 其他。然而，定类数据不适合被转换成一组有序数字，通常分析定类数据的方法是计算百分比。这些可以用表格、条形图（垂直或水平）或饼图表示。每一个图表都应该有序号和标题。如果要比较数据分布，可用折线图（polygon），用线段将各点连接起来，两端使用虚线（图 4.1、图 4.2 和图 4.3）。

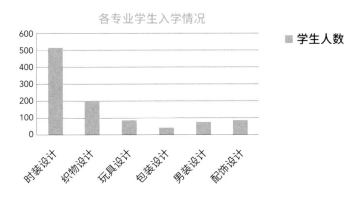

图 4.1　直方图

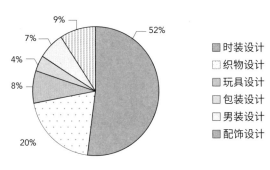

图 4.2　饼图

你采用哪种类型的图表来表示数据是个人喜好的问题。³ 当表现两组或三组数据时，采用折线图则更理想，因为折线图允许在同一组坐标轴上为每组数据使用不同种类的线段。

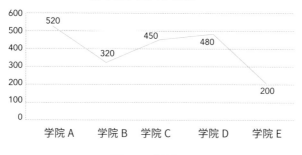

各专业学生入学情况

图 4.3　折线图

二次分析

"二次分析"通常与调查数据相关，其定义是对现有数据集做进一步分析，从而对之前研究报告中对整个调查所给出的解释、结论或知识进行补充或从中发现新的结论（Hakim 1982；Largan and Morris 2019）。有时候，因为他人以前收集的数据可以使用，所以无须收集新的信息。有时候，由于我们想研究的人已不在人世，根本不可能对其进行采访、观察或实验。这时，研究者往往会转向对现有数据的分析，便可能采用二次分析或内容分析的形式。

二次分析是一种不引人注目的方法，研究者在其他研究者先前收集的数据中寻找新的知识；原来的研究者收集这些数据是为了某个特定的目标，采用二次分析的研究者则将这些数据用于提出自己独特研究问题的其他目的（Largan and Morris 2019）。二次分析的对象是量化数据，即以数字、百分比和其他统计数据的形式呈现的数据。但现有的一些信息可能是质性的，以文字或思想的形式存在。这些信息几乎可以在人类的各种交流形式中找到，比如书籍、杂志、报纸、电影、演讲和信件等。为了从这些材料中研究人类的行为，研究者经常进行内容分析，搜索特定的词或想法，然后将其转化为数据。对现有数据进行二次分析，由于研究者只是使用数据而不是收集数据，因此可以节省大量的时间和金钱。

访谈

研究者必须确定调查的性质和研究的目标（Bordens and Abbott 2017），这可以帮助研究者为访谈拟定一系列问题。与问卷调查不同，受访者只需要回答问题而不需要写任何东西。在访谈中，研究者亲自向受访者提出一系列问题，从而解决了问卷调查法中部分受访者不能将问卷归还给研究者这一常见难题。与问卷调查的另一个不同之处在于，访谈者可以让受访者对问题做出符合自身意愿的回应。研究者通常还会问一些后续问题来澄清答案或进行更深入的探究。

访谈可以被定义为一种谈话，目的是收集关于所研究主题的具体信息。虽然这看上去很简单，但是并不像人们想象的那么容易。要对受访者清楚地讲述访谈的目的，你的提问方式应能让你得到想要的信息和回答。访谈通常需要面对面的交流，这种面访较为正式，发生在一个结构化而不是自然的对话环境中。作为调查的访谈与民族志研究中的访谈之间存在一定差异。

访谈是收集特定类型研究问题信息和解决特定类型假设的有效方法。有两种类型的访谈，选择哪一种取决于研究主题是什么以及样本量有多大（Brinkmann and Kvale 2014）：

（1）结构化访谈

更正式的结构

不偏离提问顺序

提出的问题与问卷上所写的一致

不调整用语

不澄清或回答有关访谈的问题

不添加其他问题

与笔答调查的形式相似

使用这种技术的研究者对他们想在访谈中发现的东西有着相当可靠的想法。他们假设在他们的访谈中所安排的问题足够全面，能够从受访者那里获得与研究相关的所有信息。所有受访者都会被问到同样的问题。即使受访者提到了你感兴趣并对你的研究有益的东西，你也不能改变你对他们的提问。提高访谈员一致性的第一步是给他们标准化的问题。访谈员需要接受关于调查的培训，以避免在获得答案的过程中带入偏见。

（2）半结构化访谈

或多或少的结构化

访谈中可能调整提问的顺序

提问方式更灵活

可以调整用语

访谈员可以回答问题并做出澄清

访谈员可以针对每个受访者增删问题

在半结构化访谈中，有些问题是固定的，有些问题则是不固定的，并可能有额外的问题。在非结构化访谈中，可以提出开放式问题并允许受访者用他们的话自由地回答，并且问题几乎都不是提前准备好的。

——— Crane 关于时尚杂志读者的焦点小组研究 ———

Crane 介绍了女性主义者（feminist）和后现代女性主义者（postmodern feminist）对时尚的观点。时尚一直被视为一种霸权，它促使女性对自己的外表不满，并定期更换衣服（clothing）以符合不断变化的风格（style）。Crane 利用女性在焦点小组中对时尚照片和服装广告中的性别表征的反应来探讨她们对自己的看法是否与这些图片中女性的表现方式一致（2000 : 204）。在进行研究之前，她提出了以下几个研究问题：

（1）这些女性是否认为自己能够投射时尚媒体提供的身份，或者她们是否寻求符合自己身份概念的服装？

（2）有些视觉信息代表了高度冲突的主流文化，女性身份在这种主流文化中屈从于持续不断的协商（negotiation），她们如何解释复杂的视觉信息？

她的研究目标是检验不同种族、国籍的年轻妇女与中年妇女对时尚照片和服装广告中的性别表征的反应。研究中所挑选的照片代表了时尚杂志中概念化霸权的不同方面：

（a）霸权女性主义：性 / 色情；

（b）Goffman（1959）解释的霸权主义姿态：从属仪式（ritualization of subordination）和得到许可的退出（licensed withdrawal）；

（c）违反传统女性风度规范（传统霸权女性主义）：正面凝视和眼神交流、裸体、双性化和性别模糊，以及符合这些规范的主体

这18张照片是从1997年2月、3月和9月号的 *Vogue* 杂志上挑选的，其中由6～9张照片组成的照片集被展示给焦点小组的每个成员。这些照片包括正文照片和服装广告。在向焦点小组成员展示这些照片之前，首先会要求小组成员填写一份简短的调查问卷，说明其背景、对时尚的兴趣程度以及追随时尚的方式。然后向她们提几个设计好的问题，旨在引发她们对这些照片的看法，以及她们能够在多大程度上认同照片中的模特的表现（见 Crane 2000：256–257）。

她们的回答根据以下问题进行了分析：这些女性是否接受了时尚媒体所体现的时尚"权威"？她们对照片中不同的社会议题是如何应对的？年龄、种族和民族会影响女性对照片的反应吗？研究对象能否发现性别和种族的陈规旧俗？[4]

下一步是对焦点团体进行访谈。在访谈中，要求成员对最近一期 *Vogue* 杂志拍摄的服装广告和正文照片做出回应。向每一位焦点小组成员展示一组6～9张的照片，并对每张照片就下列问题进行询问：

- 你喜欢这张照片的哪些方面？
- 你不喜欢这张照片的哪些方面？

- 你用什么形容词来描述这张照片中的女性形象？

- 这张照片是代表谁的观点？

  ○ _____ 男性的观点

  ○ _____ 女性的观点

- 它代表你的观点吗？

- 这张照片实际上代表谁的观点？

  ○ _____ 时尚编辑的观点

  ○ _____ 时装设计师的观点

  ○ _____ 广告客户高管的观点

  ○ _____ 摄影师的观点

- 你想在某些场合看起来像这个（些）女性吗？

  为什么？或者为什么不？

- 照片中的衣服传达了什么含义？

  ○ _____ 男性气概

  ○ _____ 女性

  ○ _____ 双性化

  ○ _____ 性感

  ○ _____ 专业精神

  ○ _____ 其他

- 照片中的服装（clothes）会在某种程度上影响你的着装吗？如果是，为什么？如果不是，又为什么?.（Crane 2000：255）

Ting，Goh，Mohd 采用李克特量表
对马来西亚消费者购买奢侈品进行的研究

Ting，Goh 和 Mohd（2018）采用结构化问卷调查了影响马来西亚消费者决定购买奢侈品的因素，问卷包括好几个维度的问题（attitudinal questions），如社会调节功能维度、享乐功能维度、主观规范维度和感知行为控制维度（2018：316-318）。在创建调查问卷时，研究者必须确切地知道他们试图在研究中发现什么，否则问题可能会得到无关的答案，这对研究没什么帮助。2018 年 5 月至 6 月，该研究通过面访的形式，用结构化问卷从马来西亚当地大学回收了 318 份问卷，其中有 279 份问卷完成了调查且有效可用。研究采用了从 1="强烈不同意" 到 5="强烈同意" 的五分制李克特量表（Likert scale）对结果进行测量。表 1 列出了选取的部分调查对象的性别、年龄和平均每月家庭收入。通过使用专门的数学方法，如偏最小二乘法（partial least squares technique）等，对数据结果进行了分析。正如作者所指出的那样，该研究没有反映马来西亚的全部人口，仅限于居住在马来西亚槟城的 21 岁以上的学生，因此研究结果不能一般地用于该国所有消费者，但可作为未来类似研究的抽样人群。这项研究展示了如何将答案转换为数据，将最初的质性调查转换为量化分析的过程。

表 4.1 受访者概况

标准	类别	数量	百分比
性别	男	103	36.9
	女	176	63.1
年龄	21~30 岁	205	73.5
	31~40 岁	49	17.6
	41~50 岁	17	6.1
	51~60 岁	6	2.2
	61 岁以上	2	0.7
平均家庭月收入	低于 *RM2 000	78	26.5
	RM2 001~3 000	48	17.2
	RM3 001~4 000	50	17.9
	RM4 001~5 000	50	17.9
	RM5 001~6 000	18	6.5
	RM6 001 以上	39	14.0

*RM= 马来西亚林吉特的缩写

Ting, Goh, and Mohd（2018：319-320）

结构化问卷中的问题设置如下：

社会调节功能维度

我的朋友知道我拥有轻奢时尚品（subtle luxury fashion goods）是重要的。

轻奢时尚品是获得社会认可的象征。

轻奢时尚品帮助我适应重要的社会环境。

我喜欢看见朋友和家人用我的轻奢时尚品。

我的轻奢时尚品向别人表明我是什么样的人。

价值表达功能维度

轻奢时尚品反映了我自视应该属于的那类人。

轻奢时尚品确定了我的自我认同。

轻奢时尚品让我感觉很好。

轻奢时尚品是我自我表达的工具。

轻奢时尚品在定义我的自我概念中起着至关重要的作用。

轻奢时尚品帮助我成为我想要成为的那类人。

享乐功能维度

对我而言，轻奢时尚品充满了乐趣。

对我而言，轻奢时尚品令人兴奋。

对我而言，轻奢时尚品令人愉快。

对我而言，轻奢时尚品令人激动。

对我而言，轻奢时尚品让我享乐其中。

功利性功能维度

轻奢时尚品很容易与其他产品搭配。

轻奢时尚品很容易交换。

轻奢时尚品很容易维护。

轻奢时尚品很容易清洁。

主观规范

既然周围人会赞同我的做法，买奢侈服装的时候，我通常会买一个精致的轻奢时尚品牌。

如果我想要像某人一样，我会经常尝试购买他们所购买的同款轻奢时尚品。

我经常通过购买别人所购买的同款轻奢时尚品这一方式来认同他们。

我很想买轻奢时尚品，因为其他人认为我应该这样做。

感知行为控制

当我寻找奢侈品时，我对选择轻奢时尚品充满信心。

（Ting, Goh, and Mohd 2018：321）

对研究者来说，因为人们复杂的态度既很重要又很不容易量化，因此提出恰当的问题去衡量它们是非常重要的。

结语

有些数据只能通过问卷和进行正式或非正式访谈来收集。我们必须了解如何规划问卷调查，如何撰写问卷调查项目，如何收集和管理问卷，如何分析并撰写报告和调查结果。研究者还必须意识到要选择正确的研究人群和代表人群。量化结果可以用图表进行表达。

扩展阅读

Brinkmann, Svend, and Steinar Kvale（2014），*InterViews：Learning the Craft of Qualitative Research Interviewing*，London，UK：Sage.

Gokariksel, Banu, and Anna Secor（2012），"Even I was tempted：The Moral Ambivalence and Ethical Practice of Veiling-Fashion in Turkey," *in the Annals of the Association of American Geographers*，102（4），pp. 847–862.

Nardi, Peter M.（2018）*Doing Survey Research*，4th edition，London，UK：Routledge.

Rea, Louis M., and Richard A. Parker（2014），*Designing and Conducting Survey Research：A Comprehensive Guide*，Hoboken，NJ：Jossey-Bass.

Seidman, Irving（2013），*Interviewing as Qualitative Research：A Guide for Researchers in Education and the Social Sciences*，NY：Teachers College Press.

Vaus, David De（2013），*Surveys in Social Research*，London：Routledge.

SEMIOTICS/SEMIOLOGY

符号 / 符号学

目标

- 追溯符号学的发展
- 探寻费尔迪南·德·索绪尔创立的符号学及其发展
- 理解罗兰·巴特对时尚 / 服饰研究的贡献
- 学习 Lehmann 对希区柯克电影所进行的符号学研究
- 认识 Barnard 对时尚 / 服饰进行符号学分析给出的解释
- 检查符号学与后结构主义之间的关系

　　罗兰·巴特（Roland Barthes）在他的著作《时尚系统》（*The Fashion System*，1990）中将符号学[1]应用于时尚研究，许多学者因其复杂而不太采用这种方法。在本章中，我将首先解释符号学是如何诞生、发展和传播的，然后将介绍一些当代关于时尚 / 服饰的研究，以及在这些领域的实证研究中如何使用符号分析。

符号学是研究符号的科学。符号学源于瑞士语言学家费尔迪南·德·索绪尔（Ferdinand de Saussure，1857—1913）的语言理论，他强调符号是任意的，其含义仅来自对系统中使用的其他任意符号的反对。法国文学理论家罗兰·巴特扩展了他的方法，他认为，任何文化项目，包括服装和时尚，都可以成为符号（signs）和交流的含义。符号学在时尚／服饰研究中作为分析工具，时尚／服饰被视作文本，每件服装物品的含义都被解码。符号学的研究对象不是有形的衣服，而是书面文本。

有学者将符号学分析应用于时尚和服饰。为了更好地理解这种方法，我们需要追溯这门学科的发展历程，探讨被称为"符号学之父"的索绪尔。巴特对时尚／服饰的研究成果主要是在索绪尔的成果基础上产生的，因此我们可以理解物质的物体，比如衣服，是如何创造意义的，以及这些意义是如何被复制的。Lehmann（2000），Lurie（2000［1981］）和 Barnard（1996）采用符号学研究中相对不复杂的方式来讨论时尚和服饰。符号学也被用来解码和分析时尚广告与照片。

——— 索绪尔关于符号的理论 ———

我们必须先了解索绪尔的符号学理论，然后才能开始讨论各种学者对时尚和服饰的符号学分析。索绪尔是 20 世纪早期的语言学家。在索绪尔之前，语言学主要关注语言的发展方式，寻找共同的祖先、现代语言的出现、单词的发音、单词的词源等。然而，索绪尔有着截然不同的观点。他受法国社会学家、结构主义者埃米尔·涂尔干（Émile

Durkheim）的影响，指出语言不是一个个体，而是一个集体的表现，有自己的规则和规则体系。

语言是不同词语和话语之间的一系列关系的系统表达。它有社会强加的力量，存在正确的和不正确的说话方式，这都不是由个人决定的。语言作为一个系统，拥有一个有自身规则的结构，比如句子中单词的顺序、语法、单词的表达方式等等。索绪尔（1966［1916］）认为，社会强加给人们的潜在结构应该是语言分析的主题。

格尔茨认为，他对文化概念的分析是符号学的，针对所研究的文化而拟定的整个符号学方法是帮助研究者进入被研究者所生活的概念世界，以便我们能够与他们交谈（Geertz 1973：24）。他坚持说，文化分析不是寻找规则的探索性实验，而是解释性地寻求意义（Geertz 1973：5）。这与索绪尔试图使符号学成为一门自主的科学（Saussure 1966［1916］）相反。索绪尔提出了符号学，即研究符号的一般科学，但在 20 世纪 60 年代之前都还只是一个概念。后来，其他学者，如人类学家和文学评论家，试图从它的方法论见解中获益，并发现自己发展了索绪尔在世纪之交提出的符号学科学。

语言和言语，以及符号系统的两个层次

索绪尔对语言（langue）和言语（parole）做了重要的区分。语言是语言系统，也就是说，一个人在学习一门语言时所学的东西，而言语是具体说出的话，由一门语言的口语和书面表达组成，它是一种有组织的符号结构，其意义取决于它们之间的差异。符号学试图描述使符号化事件成为可能的基本规则和区分系统，这门学科的前提是只要

人类的行为和物体有意义，就一定存在一个区分和公约机制，从而有意识或无意识地产生意义。索绪尔的理论贡献在于他系统地阐述了符号学。他强调，符号本质上是任意的，因为意义是由社会建构的，并且因为符号很灵活，所以它们能以多种方式组合起来，以传达众多不同的意义。

此外，根据索绪尔的观点，符号有两个层次，能指（the signifier）和所指（the signified），它们共同创造了符号。但是根据索绪尔（1966［1916］）的观点，能指和所指之间的关系也是任意的。能指可以是一个词、一个声音或一个图像，但在时尚 / 服饰研究中，我们通常将符号系统应用于对象和图像。所指不是一个真正的有形物体，但它是能指所指代的东西。所指可以随个体或语境的变化而变化，而能指则更稳定。所指是概念，即能指所指事物的意义。没有所指的能指虽然存在但没有意义。所指也离不开能指。因此，符号（sign）需要两个层次。我们的社会生活充满了这两个层次的符号。

巴特对时尚和服饰研究的贡献

巴特追随索绪尔和其他现代语言学家，关注语言结构是如何运作的，他将索绪尔的符号学[2]运用于日常生活中的普通事物，如摔跤、葡萄酒或电影，并认为这些物体可以成为符号，能传达意义。时装（fashion）可以传达其所有者的社会地位或职业，或关于他们的世界观与信仰等信息。任何文化物品，从服装、食物到流行娱乐都是如此。像索绪尔一样，巴特也解释了符号的任意性。

例如，巴特解释了食物为什么也能作为一个符号系统来研究。文化的食物系统，是言语，它包括所有饮食事件，而语言是这些事件背后的规则系统。这些规则决定什么是可食用的，哪种菜与其他菜肴相符合或与其他菜肴形成对比，每道菜组合在一起便形成了正式的宴席。餐厅里的菜单代表一个社会的食物语法的样本，其中就有菜品顺序的惯例：首先从汤或开胃菜开始，然后是主菜，最后是甜点。如果先于汤上甜点，那就违反了惯例，在语言上被认为是"非语法的"。同样，同一宴席中的菜肴（如主菜和甜点）之间的对比也具有意义。因此，像巴特这样的符号学家的工作是重新建立区分和惯例的体系，使一组现象能够对文化成员具有它们的意义。

巴特的《神话学》（*Mythologies*，1972）是他在 1953—1956 年每月为一本名为《新字母》（*Les Lettres Nouvelles*）的杂志所撰写的一系列文章的汇编，也是他最具影响力的著作之一。他发现，各种语言术语可以从文化现象的新视角予以洞察，他接受将人类活动作为一系列语言研究的可能性。索绪尔关于能指和所指的思想展示了各种活动的思想内容。他讨论了大众文化的不同方面，并试图分析社会陈规，这些陈规往往被认为是自然的或理所当然的，因而无人质疑。他试图"在无话可说的装饰性展示中，追查意识形态的滥用，在我看来，这种滥用是隐藏在那里的"（1972：11）。

他所说的"神话"（myth）是什么意思呢？对巴特而言，神话意味着幻想的暴露。总是存在第二层含义，这正是巴特想要调查和揭露的神话意义。任何对象和实践，即使是最功利的，也以相同的方式运作，并被赋予第二层含义（second-order meaning）的社会用法。他关心时尚和服装的形象。他关注的焦点不是服装的原材料，也不是服装是如何制造的。他探讨了社会惯例赋予的第二层含义。巴特最开始认为神话就是幻想，后来强调神话是一种交流形式，一种"语言"，一种第二层含义系统。神话是直接意义和间接意义相互作用的产物。《神话学》研究的是意义和价值如何在日常生活中被产生和创造出来。根据巴特（1972）的说法，日常生活的符号是意识形态和文化形成的标志。语言不是自然现象，而是一套传统符号。

在《时尚体系》（*The Fashion System*，1990）一书中，巴特对时尚/服饰进行了一次大规模的符号学研究。20世纪50年代末，他没有对法国 *Le Jardin des Modes*，*Elle*，*l'Echo de la Mode* 和 *Vogue* 上刊登广告的时装进行解释，而是将注意力集中在编辑和时尚作家使用的标题和语言上。语言是一个符号系统，一个符号对应一个形象，这个形象可能是一个口语词汇的发音或其书写方式。时尚是一个系统，它通过充满各种细节的服装（garments）的不同形状和轮廓，以及将不同的服装连接起来而创造意义。但他关注的不是具体的衣服（clothes），而是关于衣服的描述。巴特（1990：10）写道："衣服卖的是意义（It's meaning that sells clothes）。"为了描述这个系统，巴特阅读了关于服装的描述和说明，并假设文字说明代表了使服装成为时髦的各个方面，这种方式使他能成功通过这个符号系统（sign system）识别出其中的特质。巴特坚持认为，分析的对象不是服装本身，而是关于服装的话语或文本。他解释说，衣服自己不能成为符号，但它们会变成代表时尚的符号；也就是说，谈论和书写服装的文化世界赋予了衣服本身一种社会意义（Barthes 1990）。如何用文字书写描述这些服装，这决定了它们是否会被视为时尚。

Jobling（2016）是这样运用巴特的符号学理论的：

> 我们接受白色棉质 T 恤作为一种文化符号（sign），其一般
> 含义是低调的酷。然而，一旦材料发生了变化，比如说一件蓝色
> 而非白色的棉质 T 恤，这种原本直截了当的意思就会改变。而
> 在 Katehrine Hamnett 手中，当衣服上印有大写的标语，如"58%
> 的人不投 PERSHING"和"有策略地投票"时，"酷衣"（cool
> garment）的标志变成了政治叛乱的意识形态标志。或者，就像
> James Dean 和 Marlon Brando 所穿的一样，这件酷 T 恤也可能意味
> 着年轻人的性叛逆。（Jobling 2016：135；强调字体为原文所标）

任何人看来，白色棉质 T 恤就是白色棉质 T 恤，我们对这个对象
的想象几乎相同。一旦我们在标题中看到"蓝色"而不是"白色"，或
者由某个特定的人或者某位名人穿着，T 恤便开始具有不同的社会和意
识形态含义。符号学的原则是，一切事物，每一个对象或每一件衣服，
都是一个文本。文本没有通用或固定的含义，不能以相同的方式解码。
解释是流动的。

许多学者可能没有明确提及索绪尔或巴特，但他们对特定类型的
服装进行了符号分析，并探讨其含义如何随着时间而变化或可能发生
的变化。根据 Rose（2005）的说法，符号学是将对现代服装及文本的
诠释联系起来的最常用的模型之一，它源自语言学理论。如前所述，
这一理论依赖于"所指"的含义及其对应的能指之间的分离。然而，

符号／符号学

符号分析的问题被 Miller 概括为"将事物的客体特质置于其通常的特质之下"（1997：95），并"忽略纺织品以各种形式在金融、美学和触觉价值创造意义的方式"（Miller 1997：95）。Miller 将对象视为"类型标记……它既是一个单独的形式，又是一个与之相关的更大范畴的例子"（1997：127）。

Hardy 和 Corones
对外科手术服变化的符号学研究

Hardy 和 Corones（2016）追溯了男性外科医生进行手术时的着装的社会历史，并对其进行了阐释。在过去，外科医生常穿着"绅士般"的深色工作服，后来开始穿白大褂。这种转变发生在 1860—1910 年。作者提出了这种变化是如何发生的、为什么会发生等问题。为了回答这些问题，作者考虑了服饰的符号学含义（2016：28）。服装总是社会重大变化的一项标志，而白大褂的出现与细菌学的发展是同时并行的。

在 19 世纪中叶以前，外科医生被视作手艺人（artisans），通常穿着厚布制成的深色工作服，这是身份和可靠的象征，深色反映了他们工作的阴郁性质，也暗示了可能与死亡有关。他们脏兮兮的黑色长袍甚至可以被视为一种荣誉，因为这是他做了一次艰难手术的明显证据。19 世纪的最后 20 年是医疗服装的变革时期。外科医生从手艺人转向需要获得医学学位才能胜任的职业。此外，当时也是发现"细菌"的时代，外科医生要负责保持手术台的绝对清洁，以降低病人术后感染的风险。白大褂从字面上和象征意义上都表示了无菌手术所需的关键要素：卫生和清洁。

到了 1889 年，随着对细菌的科学研究在实验室进展迅速，白大褂在医学领域变得十分重要。作者总结道，"现代手术之所以干净是因为它是无菌的。现代外科手术是白色的。更广泛地说，白色成为现代性的象征。干净的白大褂，干净的环境，变成了纯粹的现代性"（2016：47）。

这项研究基于 19 世纪 80 年代和 90 年代的各种图片和照片，如美国画家 Thomas Eakins 所绘制的两幅美国外科医生肖像画——"格罗斯诊所（The Gross Clinic）"和"阿格纽诊所（The Agnew Clinic）"。第一幅肖像画绘于 1875 年，画中的 Samuel D. Gross 医生穿着黑色罩衣站在手术台旁；第二幅绘于 1889 年，画中的 David H. Agnew 医生穿着白大褂在一个医学圆形剧场里进行手术。Hardy 和 Corones 还参考了英国外科医生 Joseph Lister 在 1867 年和 1909 年发表在学术期刊、外科手册和历史著作中的早期医学文章。

——— Lehmann 对希区柯克电影进行的符号学研究 ———

Lehmann（2000）对希区柯克的电影进行了符号学分析。他的方法论是将电影与符号学相结合，并分析了希区柯克执导的一部名为《西北偏北》（*North by Northwest*）的惊悚间谍片，该片公映于 1959 年 7 月。他认为，这部电影和加里·格兰特（Cary Gran）所扮演的角色可以通过外观外貌进行很好的解释。Lehmann 选择了十几个场景，在这些场景中，不论在画面上还是台词中，西装都是明确的能指，具有显著意义，大大超过其在故事情节中的功能（2000：468）。

他坚持认为（2000：468）："观察到的服装细节不应被当成行为模式的隐喻，或者是角色的心理象征。在符号分析中，应首先将其读解为视觉符号。"他继续解释说，作为外在服装的西装在讲述主角经历的艰难困苦（trials and tribulations）的旧式叙事方式中充当着能指。它表明主角被追捕、嘲笑和攻击，直到他将自己从规范约束中解放出来，首先获得的是行动自由，然后是爱和尊重（2000：469-470）。他对电影中的场景逐一审视，解释电影中穿西装的人物，并对其中一个场景中的西装进行了如下的视觉解释和符号分析：

在随后的打斗中，Thornhill被强按在沙发上灌下波旁威士忌酒；笔挺的西服套装(suit)被粗野地扯抓，第一次被弄脏了。事实上，从这里开始，人们将"西装（suit）"完全读解为能指（signifier），角色则被读解为所指（signified）：对主角的定义是通过他的外表来完成的。电影叙事中的西服套装集中在外套（garment）上，主角穿的浅灰羊毛外套（wool）明显不符合其逃亡者的身份……事实上，西装的面料和外形表现出了不同寻常的耐力，在前一幕的追逐和攻击之后迅速恢复如初。这必须解读为希区柯克将主角作为稳定和可识别的"商品"呈现给观众的一种努力。（Lehmann 2000：472-473）

根据索绪尔和巴特的术语，西服套装是言语，它是视觉化的电影叙事。一个简单的对象，如男西服套装，可以说明问题。在影片中，除非制片人和导演有意尝试为对象创造新的意义，否则传统和刻板的画面与角色就会不断地重复产生。

———— Barnard 对社会交互中的符号学研究 ————

符号学深奥复杂，但有些时尚 / 服饰学者却将其解剖到学生都能理解的程度。索绪尔指出，符号学中的基本思想是能指与所指不仅是两个层次，也是两个独立的概念。

Barnard 解释说（1996：29）对符号的解读发生在社会互动中，我们正是通过构成上述两个层次的标志和符号（signs and symbols）进行交流。然而，与语言不同，结构化的含义系统不是固定的、绝对的或明确的。索绪尔和巴特坚持认为它们是武断的。Barnard 解释道："沟通使个人成为社区的一员；'通过信息进行社会互动'的沟通构成了作为群体的成员的个人。"（1996：29）

Barnard 进一步探讨了符号的发送者以及对符号的接收过程，指出符号模型在意义是如何产生的这方面似乎更可信……设计师、佩戴者或服装的观众不再是提供意义的意图来源；在符号模型上，含义（meanings）是这些角色之间协商的结果。（Barnard 1996：30-31）

意义不断被生产、交换、谈判、重新谈判和复制，原始含义被许多文化生产者赋予了更多的解释，而服装最终具有一套与其初始含义不同的含义。（Barnard 1996：31）

和 Barnard（1996）一样，Eco 也把社会生活视为一个符号系统（sign system）并写道：

> 我通过穿着进行表达。如果我穿中山装（Mao suit），如果我不打领带，我表达的思想内涵就发生了改变。显然，时尚代码的表达不太清晰，比语言更容易受历史波动的影响。即使比其他强代码要弱，但代码依旧是代码。男士夹克、衬衫和外套的扣子从左往右扣，而女士们则从右到左。假设我站在你面前正在讲述符号学，衣服扣子是从右向扣的，尽管我留胡子，也很难消除你认为我有点女性化的想法。（Eco 2007：144）

这种武断使学者们相信时尚／服饰在本质上是矛盾的，因为这些迹象是矛盾的。我们需要进一步探讨对时尚和服装的符号分析在多大程度上赋予了它们准确的含义。

——— 对广告和照片的符号学分析 ———

符号学分析被用于商业广告和照片，以使它们能够向目标消费者传达预期的、准确的和适当的信息。

Stokes 对文本符号分析过程（2012）给出了以下清晰的解释：

- 选择你的分析对象：如果你在研究时尚杂志，你的研究问题或假设中包含的研究主题必须与你选择的杂志的目标读者相呼应。如果你的研究对象是 40 多岁的时尚女性，那么就不要选择 *Teen Vogue* 作为分析工具。

- 为你的分析收集文本 / 视觉材料：你需要收集多少材料取决于你的研究深度和你要研究的问题。但是，如果你正在进行一项社会科学研究，你不要只关注一种视觉材料，而是要多关注几种，这样你才能从收集到的数据中看到相似性和共性。

- 解释和分析材料：仔细检查材料，解释你在图像中看到的一切，比如物体、颜色、人们的姿势和他们的服装，以及其他元素。然后把图像中每一项当作一个符号来解码它们的含义。你可以看到视觉形象和语言符号之间的关系。此外，解释与图像含义相关的文化知识、背景和经验。

- 归纳并得出结论：当解码后的含义成为代码时，你能看到该代码是否能在其他材料中被找到。如果找到了，那就意味着你可以对代码的含义进行归纳，甚至可以提出一个理论。总之，你必须解释你的分析和解释是支持还是否定你的假设（Stokes 2012：73-75）

还有其他一些对时尚广告的研究也采用了符号学的分析方法。Jobling（2014）研究了英国时尚推广中使用的"孔雀男"（peacock male）概念。他利用档案材料和之前的广告，研究了 1945 年之后的 20 世纪后半叶里，如 Austin Reed 套西和李维斯牛仔裤等男装的印刷品、影视宣传品的生产、传播和消费。男装广告虽然重复着以前的套路，偶尔会与固有观点抵触一下，但也产生了男性气概的模糊和不确定性。同样，Annamari Vänskä（2017）调查了广告中的儿童形象以及 20 世纪

70 年代以来媒体所产生的纯真、阶级和性别形象。Vogue Bambini 将 Calvin Klein，Dior，Ralph Lauren 等国际时尚品牌的广告宣传作为研究案例，并深入研究了意大利 *Vogue* 为童装推出的特别版，他审视了全球儿童时尚的呈现方式。

符号学，结构主义和后结构主义

20 世纪后半叶出现的结构主义是研究文化、社会和语言的最流行的方法之一。索绪尔和巴特也被称为结构主义者，他们把一个特定的区域作为一个由相互关联的部分组成的复杂系统来研究。

巴特是索绪尔和结构主义的倡导者，他从索绪尔的观点出发，并且超越了索绪尔的符号理论，这也是为什么他常被称为后结构主义者的原因。索绪尔指出，能指和所指之间的关系是任意的。但是现在巴特认为最好把这种关系描述为"被激发的（motivated）"而不是武断（arbitrary）的关系，这意味着这种关系虽不是自然的关系，但仍与"任意性"分不开。将语言符号或非语言符号放在社会背景中，可以解释它们如何工作和为什么工作（Barthes 1972）。

这样，巴特的思想将他与其他后结构主义者联系在一起，特别是被誉为后现代主义和解构主义之父的法国哲学家雅克·德里达（Jacques Derrida，1930—2004）。巴特还认为"作者已死"（the death of the author）为读者创造了自由。在这方面，他认识到，正如一个符号没有最终的含义一样，没有最后的权威来决定一个文本的含义，因为它根据上下文在不断变化。因此，后结构主义被称为后现代条件的理论表述，它拒绝了不同范畴之间的界限。

Rocamora 和 Smelik 编著了一本具有理论启发性的书，名为《通过时尚思考》（*Thinking Through Fashion*，2016），该书"抓住了社会和文化理论与时尚、服饰和物质文化领域的相关性"（Rocamora and Smelik 2016：2）。作者介绍了时尚背景下主要的结构主义和后结构主义理论家，如卡尔·马克思（Sullivan 2018：28-45）、罗兰·巴特（Jobling 2016：132-148）、吉尔·德勒兹（Smelik 2018：165-183）、让·鲍德里亚（Tseëlon 2018：215-232）和雅克·德里达（Gill 2018：251-268）。这本书将时尚和服饰研究提升到另一个智识层面，并为学者和研究生提供了"更深入、更批判性地思考时尚"的机会（2016：3）。

——— **结语** ———

索绪尔是第一个提出符号学思想和"符号学"这门新学科的人。该学科研究的是没有实际内容的符号。在符号的能指和所指之间没有自然的联系，但是一旦建立起联系，符号系统或结构就成为一个独特的现实存在，可以在特定的语境中进行研究。索绪尔模式建立在语言符号的任意性这一前提下，这也对巴特的符号学产生影响。当代的时尚/服饰研究者也采用本方法来研究对象（如衣服）的第二层含义或所指，或者通过书面文本来理解衣服（clothes）是如何成为时尚的。

Berger, Arthur Asa (2014), *Signs in Contemporary Culture : An Introduction to Semiotics*, Salem, WI : Sheffield Publishing.

Fiore, Pamela (2013), "Fashion and Otherness : The Passionate Journey of Coppola's Marie Antoinette from a Semiotic Perspective," *Fashion Theory : The Journal of Dress, Body, and Culture*, November, Volume 17, Issue 5, pp. 605-622.

Martineau, Paul (2018), *Icons of Style : A Century of Fashion Photography*, Los Angeles, CA : J. Paul Getty Museum.

Shinkle, Eugenie (2017), "The Feminine Awkward : Graceless Bodies and the Performance of Femininity in Fashion Photographs," in *The Journal of Fashion Theory*, March, Volume 21, Issue 2, pp. 201-217.

Thibaul, Paul J. (2013), *Re-reading Saussure : The Dynamics of Signs in Social Life*, London : Routledge.

OBJECT-BASED RESEARCH

基于对象的研究

目标

- 学习什么是基于对象的研究，谁使用这种方法以及如何使用
- 回顾基于对象的研究的历史发展过程，了解为何这种方法被低估
- 探究基于对象的研究与物质文化研究之间的联系
- 探索几个使用基于对象的研究方法的研究案例
- 结合其他方法，如口述史和档案研究，理解以跨学科的方式开展基于对象的研究的重要性。

　　本章将讨论服装史学家、博物馆策展人、历史学家和艺术史学家经常使用的基于对象的研究方法，而不会讨论社会科学领域的社会学家、心理学家或经济学家使用的方法。因为前者关注的重点是物件（object）或人工制品（artifact）本身，如服饰衣着以及鞋子、配饰和珠宝等。研究者几乎总是使用博物馆所收藏的服饰，通过收集服饰文

物来展示西方服饰的历史是博物馆学中一个相对较新的方向。虽然很多博物馆一开始就在其纺织品收藏中展示服装，或是从原住民或土著那里收集服饰文物进行人类学活动实践，但直到 20 世纪才形成独立的收集西方服饰物品的部门（Mida and Kim 2015：18）。

就时尚 / 服饰研究中的探究方法而言，那些将服饰作为有形对象研究的人采用基于对象的研究方法并不奇怪，因为时尚是通过服饰表现出来的，而服饰就是一种有形的物质的对象。对织物质地、缝纫技术或礼服的轮廓等服装的物理特征进行分析，是一种重要的研究方法。但我们也必须指出，对象不会自己说出它所象征的社会或文化意义，所以我们还需要使用别的研究方法。今天，时尚 / 服饰学者在研究中将这种方法与其他方法相结合，采用跨学科方法进行研究。本章将讨论基于对象的研究方法的发展历程，探究如何使用该方法以及谁使用过这种方法，同时还将介绍结合诸如口述史和档案记录研究等其他方法的研究案例。

——— 什么是基于对象的研究？ ———

Wilson（1985：48）认为，从艺术史研究的传统来看，对时尚及服饰的研究一直是其中的一个研究类别。它采用的研究方法注重细节，可与对家具、绘画和陶瓷的研究相提并论。这类研究的主要内容包括精准确定服装所属的年代，分配服饰的"著作权"（authorship），了解服装制作的实际过程，所有这些研究内容都可进行有效的研究操作。历史学家和艺术史学家（Boucher 1987［1967］；Breward 1995；

Davenport 1952；Edwards 2017；Hollander 1994；Koda 2004a， 2004b；
Koda and Bolton 2005；Mida and Kim 2015；Palmer 2001， 2018， 2019；
Steele 1985， 2003， 2017；Tortora and Eubank 2009）长期关注服饰，他
们解释服饰流行中的循环交替，解码服装服饰的文化含义。博物馆策
展人和服装史学家也在博物馆的历史服装收藏中进行基于对象的研究，
主要的信息来源就是相应的物品。没有什么比看到真正的服装更准确，
尤其是古着服装。虽然艺术史学家会使用绘画作为证据，但将画作当
成可靠的历史指标使用时，它们可能会造成一些混乱，读者应意识到
其优势和局限性（Edwards 2017：8）。此外，Mida 和 Kim 解释说，与寻
找线索的侦探相似，基于对象的研究者寻找并解释裁剪、构造和修饰
的细节，服装及其材质与身形相关的证据，服装的风格源自什么时期
（Mida and Kim 2015：11）。同样, Edwards 为读者提供了分析和识别"1550
年代至 1970 年代之间女性着装的典型风格"（2017：9）的技能，这些
知识有助于我们了解历史主题电影、电视和改编的舞台剧。

　　研究者探索工艺品的历史和使它们有意义的背景。我们可以了解
与其他对象、民族、思想和特定历史时期相关的对象。研究者可直接
观察对象，研究它们的颜色、形状、轮廓、构造和缝纫技术，描述对
其物理特征进行观察的结果。对对象的检查可以引出其他关于社会、
文化、历史、政治、艺术或技术的研究问题。正如 Druesdow 所指出，

　　　　以西方时尚中的定制为例，客户、设计师及裁缝的决定一起定
　　义了服装。客户是保守的还是前卫的？制造商熟悉当前的时尚么？
　　他们在政治、社会和经济方面的考虑是什么？在西方时尚传统之外

基于对象的研究通过一系列可获得的技能和解释性方法来检查细节。你首先需要找到目标服装，然后识别、保存、展示并解释它。该方法可采用多种理论进行解释，但其中有个共同的基本理论，即对物质文化中的非物质文化进行探索，这一点本章稍后将做解释。以对象为中心（object-centered）的方法的缺点是其可能因过于聚焦于审美因素或实物因素而受到限制。

—— 基于对象的研究的发展历程 ——

正如社会阶层和个人之间存在社会等级制度一样，不同学科之间一直存在等级制度。在学术界，有的学科具有更高的地位和声望，因此有更多的机会和研究经费。不同的研究方法之间也存在等级制度。当某种方法主要被女性研究者采用时，该方法本身就开始"贬值"。基于对象的方法经常被女性历史学家采用，诸如 Elizabeth McClellan，Betty Kirke，Doris Langley Moore 和 Anne Buck。就像时尚的女性化使时尚在工业革命中成为女性事务，这降低了时尚实践本身的价值，基于对象的研究这种方法也存在类似的被轻视的趋势。

在男性占主导地位的职业中，策展人将时髦的欧洲服饰视为缺少价值的边缘文物（cultural objects）。博物馆藏品中存在男性偏见，如藏品中有骑士团的长袍与制服，却没有涉及女性或女性气质的东西。馆藏的选择不是客观的，其作为中心文化力量的作用既没有得到理解也没有被接受（Taylor 2004：105）。Taylor 解释了他们观点的逐渐转变：

> 在 1940 年代末期的英国，因为 Doris Langley 和 Anne Buck 两
> 位女性策展人的工作，一个重大转变发生了，对时尚的分析开始远
> 离以男性为主导的方法。自 1949 年以来，她俩在 Talbot Hughes
> 和 Thalassa Cruso 工作的基础上都做出了重大贡献。她们的贡献在
> 许多方面比 C.W.Cunnington 和 James Laver 更有影响力。也许是因
> 为作为策展人，她俩都从最接近基于对象的分析着手工作。两人都
> 不同意 Laver/Cunnington 的观点，即女性时尚的核心是吸引异性。
> （Taylor 2004：58-59）

　　欧洲女性富豪的时装长期以来不被博物馆收藏，因为人们认为这些服饰微不足道且毫无价值。与此同时，基于对象的研究也往往不被重视甚至完全被忽视，对服装的研究在学术界被排斥或被视为不具有学术性。Taylor 写道，博物馆服饰收藏的发展历史一直是一个被忽视的研究领域（2004）。然后在世纪之交，学者提出了关于时尚的新理论，如托斯丹·凡勃伦（Thorstein Veblen）和格奥尔格·西美尔（Georg Simmel）：

> 1899 年至 1904 年，当社会学家凡勃伦和西美尔将注意力转向
> 评估西方服饰在阶级行为和性别消费模式中的作用时，研究方法发

生了根本变化。这为分析时尚服饰的形式和功能开创了严肃的理论方法，但服装史领域对其的反应极为迟缓。（Taylor 2004：44）

然而，许多博物馆策展人和服装史学家继续遵循传统，采用基于对象的研究方法，去分析知名设计师的作品和了解精英和非精英在特定时期如何打扮。

早期的一些著名研究包括 McCellan（1969）和 Arnold（1977），他们是基于对象的研究的代表。McClellan 关于美国 1607—1800 年服装历史的研究（1969）采用了不同的方法对服装进行研究。在她的书中，McClellan 研究了北美早期来自西班牙、法国、英国、荷兰、瑞典和德国的移居者所穿的服饰。她是一位女研究员，并采用了基于对象的方法。她直接向物主借用衣服，并利用服饰的照片对尚存的服饰进行素描。她所研究的工人阶层的日常服饰是其他学者在 1969 年之前没有做过的。

此外，Kirke 对 Madeleine Vionnet 作品的研究是最翔实的基于对象的研究之一（2012［1998］）。Vionnet 是一位发明新的打版技术的服装设计大师。Kirke 的书中研究了 38 件服装（2012［1998］：46–207），Kirke 运用照片、插图、平面样版和缝纫说明，此外还对织物、服装的创作年份以及收藏地点等进行了苦心的研究和解释。Vionnet 的样版对于了解不对称裁剪、开衩和衣袖的独特结构和技巧非常重要。"制定原始样版的所有因素都被认为是重要的。样版的形状、裁剪、缝合和精加工都是精确完成的。……她可以从任何角度悬挂布料，并自由切割。没有即兴表演：每一个选择都是为了一个目的"（Kirke 2012

［1998］：42）。

在后记中，Kirke 讲述了其研究所遇到的困难：

> 为了探究 Vionnet 的剪裁之谜，我从她设计的服装中抽取衣片，因为我知道，通过这种模式，我会找到 Vionnet 的礼服看起来复杂和困难的原因。得到衣片的最简单方法是拆线，并分离每个部件。如果不能拆开衣服，另一种方法是把细平布放在衣服上，让每个部分与纹路相匹配，并用粉笔仔细勾画接缝和缝褶。但是这些方法用在馆藏物品上则是不适当甚至不允许的。织物的基础可视作由交错的经纬纱组成的矩形格子，测量起点经纱和纬纱的长度，重复该操作，便可构建衣片的形状。（Kirke 2012［1998］：233）

像这样的研究只能通过基于对象的研究方法来实现。Kirke 的研究也表明为什么这种方法对于理解设计师的独特性和伟大性是必要的。

纺织和服装史学家 Arnold（1977）利用现存的服装，通过仔细分析英国男女服装的剪裁和图案，探索了着装史的新领域。正如 Arnold 所写：

> 对象（object）就像是我们身份的提醒和确认者，我们对于我们身份的想法可能更多依赖的是这些对象而不是我们作为个体而言的其他想法，［这些藏品］具有界定性别的能力；……通过被收藏物品的性别关联和对这些收藏带有性别特征的使用方式，使收藏行为、收藏者和可收藏的对象都具有潜在的性别特征。（Pearce 引自 Arnold 1992：55）

Arnold 非常熟悉基于对象的跨学科研究方法，她通过对现存服装的细致检查而获得了对当时着装详尽的理解，她用素描、照片和丰富的笔记等记录了她的研究过程。

——— 让基于对象的研究成为跨学科的研究 ———

20 世纪 90 年代末，Javis（1998）讨论了基于对象的研究者和不采用这类方法的时尚 / 服饰学者之间的分裂。她解释说：

目前，由博物馆策展人和服装复制制作者进行的基于对象的研究与高校通过文献、图片和统计数据等非实物进行的基于对象的研究之间存在分歧。……学术界和业界人士之间的隔阂尚未完全弥合，但沟通的桥梁已经建成，相互之间的交流也逐渐频繁。（Javis 1998：300）

我们现在已经取得了一些进展，许多学者通过考虑其他来源，通过对手头的实物对象采取创新的方法来加强档案研究，来加强基于对象的研究。不同学科的人对时尚和服装越来越感兴趣。Kramer（2005：xi）写道："由于纺织品和服饰在人类生活的方方面面都普遍存在，很多学科都注意到了这些实物，如艺术和设计史、历史、媒体和文化研究、性别研究、物质文化研究、消费研究、博物馆学、社会学和人类学等。"虽然服装或纺织品本身是一个关键来源，但它们不能被孤立地阅读和分析，需要将它们放在那些不同来源构建的语境中。这就是研究者如何开始讲述有关研究对象的故事的方式。Palmer 在 1990 年代后期也持同样观点，认为传统的时尚史学家必须在研究中应用更具批判性、更加理论化和分析化的方法（1997：304-305）。

基于对象的研究与物质文化研究

许多学者不是只进行基于对象的研究，他们不会将研究局限在对研究对象本身的调查之中。为了避免研究焦点过于狭隘，他们会将研究对象置于物质文化研究这种更大的研究视野中。因此，这些实物研究对象，如衣服饰品，会被置于物质文化研究中。这个时候，仅依靠基于对象的研究方法是不够的，还需结合其他方法。Taylor（1998）建议，那些研究服饰的人需要超越传统的基于对象的研究形式。

人类学、社会学、文化研究、摄影研究、媒体研究等学科的学者，在物质文化、实践代表、文化文本解读、社会关系及个人经验解读等方面有着共同的兴趣，每个研究领域都有其独特的理论和方法学传承。物质文化研究表明，我们都生活在物质世界内部，并因此被物质世界所塑造。任何人都被物质包围着。正因为文化和物质密不可分，所以二者必须同时加以研究。

Miller（2005）解释了物质文化研究的两种观点之间过去存在的一个冲突。其中有两派：（1）一派是分析布料和纺织品的专家，他们接受的是纺织品保护、设计或博物馆收藏方面的训练；（2）另一派是从事文化研究、社会学、社会人类学等的社会科学家，他们接受的是符号学和符号分析的训练，并对服装的"社会生活"感兴趣。Miller 进一步解

释说:

　　物质文化研究应该吸收多种不同的观点，并且必须有所超越。就
像 Miller 建议的那样，人与其所处的社会环境之间无法简单地划界或
区分开来，因此必须将物质性与社会性进行融合与再融合。Eicher 就
是一位强调实物对象社会背景的时尚／服饰学者。衣着服饰是物质文
化中最重要、最丰富的一个方面。布料和服装曾经只是被视为单纯的
文物，现在却被公认为具有复杂象征意义的构建文化的商品，它们传
递着纯真与堕落，连接着过去和现在，跟随着信仰的变化而转变，具
有十分重要的价值（O'Connor 2005：41）。Kroeber（1919），Kroeber 和
Richardson（1940）是最先详细和系统地研究西方服饰并探讨社会和政
治影响与服装时尚的关系的人。

　　下面的研究案例显示了在对服饰进行深入分析的过程中，超越对
象的重要性和意义。

Mida 和 Kim 对 Kenzo 的 Kimono（和服风）夹克的研究案例

Mida 和 Kim 介绍了基于对象的研究中"看"这一基本技能，并提

供了开展分析研究的三个步骤:(1) 观察,(2) 反思,(3) 解释,这些步骤不是简单地看那些被研究对象。他们的一个案例研究对象是一件 2009 年捐献给大学进行研究的 Kenzo 2004 年秋冬系列的夹克(2015:198-215)。他们仔细地观察了夹克的构成,测量了服装的宽度、长度和深度,并详细描述服装如下:

> 正面和背面部分(后者中间有后接缝)由棕色和白色的花呢式织物制成,并采用一条直的下边缘裁剪,直到与大腿齐平。棕色的合成丝绸质地的宽袖裁剪成深袖窿,并用石灰绿色和黑色天鹅绒织物的宽带做修饰。印花天鹅绒的衣领穿过肩部接缝处,整个结构看起来像一个从前开口的两侧垂下来并停在下边缘的带子。两个前件在臀围处设有假口袋盖。(Mida and Kim 2015:200)

他们把夹克的里子翻出来,检查究竟是部分还是全部用了里衬,以及里衬所使用的面料类型。因为这种夹克宽松的特性,所以他们没有必要对夹克进行传统的测量。然后,他们看了所用的面料类型以及服装上的标签。

然后,基于对象的研究的第二步是"反思",研究者会细想他们的背景、偏好和偏见是如何影响和丰富研究的,并思考还有哪些其他背景材料可以采用,如照片、插图、绘画和文本资源(2015:63)。以 Kenzo 的夹克为例,它采用了多种面料和拼缝图案,许多元素都使用传统的、标志性的日本和服的简单宽松结构(2015:208-209)。该过程的第三步是"解释",即采用理论来分析得到的证据并创建一个合理的论点（2015：79）。Kenzo 的夹克融合了东西方美学，展示了将两种文化的影响融合进当代时尚的趋势（2015：81，210），这也可以在其他西方设计师的系列中找到。

Edwards 对蒙特利尔麦考德博物馆所收藏的 Barège Day Dress（1836—1841）进行的研究

Edwards 在《如何读一件礼服》（*How to Read a Dress*，2017）一书中追溯了 16 世纪到 20 世纪西方礼服的历史，她在书中按时间顺序将它们分为 11 个时期，每个时期都有独特的服装构造和轮廓。Edwards 检查了麦考德博物馆收藏中发现的日礼服，并描述了它的形状、面料和轮廓。它有一个苗条的腰部和低位袖窿，这表明了 20 世纪 40 年代女装所受的限制（2017：84）。Edwards 超越了对礼服的物质层面的解释，她对不同形状的胸衣如何影响身体姿势进行了引人入胜的描述。例如，"穿着僵硬的束胸，女性将双手举高抬远可以让身体更舒服"（2015：16），又如 1840 年代早期的图片显示，肩部狭窄裁剪的礼服让穿着者的手臂必须离身体更近，而 1900 年至 1905 年的礼服袖子则设计在"自然"的袖窿处，就在肩膀与手臂连接处，从某种程度上讲，这允许穿着者保持更自然的姿势（Edwards 2017：16）。此外，她的分析还进一步涉及一个关于当时穿着者的社会阶层的猜测。她写道：

当然，下层阶级（除了偶尔被主人青睐的仆人，一般不会出现在这样的肖像中）需要穿便于行动的衣服，而且尽可能少地占用时间和精力。作者在批注中写道，尽管如此，上层阶级仍然掌握着时尚和"正确"着衣的标准，中下层阶级的人会试图尽可能地效仿。
（2017：16）

这演示了基于对象的研究如何成为持续的学术讨论和在调查中提出合理的假设与猜测的基础。物质对象或文物不是孤立存在的，它总是处在社会和文化背景之中。

Turney 采用口述史对印花连衣裙进行的基于对象的研究

口述史记录（oral history accounts）被认为是对纺织品和服饰开展研究的重要资源（Biddle-Perry 2005；Eastop 2005；Lomas 2000）。研究必须跨学科进行，使用包括设计史、时装和纺织品史及相关理论、口述史以及来自人类学和文化理论的论述。Turney 写道：

> 跨学科的目的是扩大参考范围，弥合被单一方法边缘化或轻视的知识差距……强调第一手经验，特别是与触觉和情感对象（如服装）相关的经验，为时尚和纺织品的研究增添了额外的维度，使研究超越设计师的意图和前卫观念。（Turney 2005：59）

基于主观信息（如口述史）的含义和解释也存在一定的问题，因为自我报告及其有效性可能会受到质疑，对于调查那些不是以文本作为基础的文化所生产的纺织品和服饰而言，口述史可以作为研究方法。Turney（2005）的文章侧重于口头见证，侧重于那些能让对人工制品（artifact）的反应成为重新评价其时尚概念可能性的途径，她强调风格、图案、技术和织物在传播中的固有差异。此外，她想调查真正穿上这些服装的感觉（Turney 2005：58）。她写道：

> 服装是人们穿的衣服，它源自适合穿的"布"或织物。然而，时尚是由文化构造的，代表了风格的变化过程——它是关于变化、进展和美学的动态过程……考虑到这一点，穿特定服装的经验是在更广泛的世界内形成自我理解的核心，然而这种对时尚的更主观的评价很少在展览中得到证明。（Turney 2005：58）

Turney 的调查取自口述史中的历史见证，这些见证一直是巴斯斯巴大学（Bath Spa University）和巴斯时装博物馆（the Museum of Costume Bath）之间合作项目的核心，该合作项目旨在阐述 20 世纪花卉印花服饰的重要性，并最终举办一场名为"挑选极品"（Pick of the Bunch）的展览，建设相关网站，出版相关研究。Turney 在研究中解释了口述史作为研究方法的重要性：

> 关于这种服装消费的口述见证（Oral testimony），包括购买和实际穿着经验，成为揭示某些服装为何被视为时尚或在传统设计历史方法之外获得赞誉的诸多角度中最基本的一个。（2005：59）

Turney 的口述史受访者是从当地日报《巴斯纪事报》（*The Bath Chronicle*）刊登的广告回复中选出的。受访者都超过 50 岁，并提供了在 1950 年代和 1960 年代成长的宝贵见解。但是，还有必要寻找年轻的受访者，对比他们的经验，证明时尚和花卉服装的概念在不同时代和地域是否有所不同。因此，一群年龄 25 岁至 35 岁、在伦敦工作的职业女性组成了一个截然不同的焦点小组。必须指出，这些只是样本组，如果寻求其他群体或扩大样本，得到的反应很可能会有所不同。总之，对花卉印花连衣裙的反应的解释和再解释的可能性是多种多样的。不同的群体可能会提供不一样的时尚历史。

Turney 在研究中引用了一位女士的话，这位女士回忆了她在 1950 年代与母亲一起购物的情景："我会和妈妈在伦敦百货公司购物。她是个时髦的女人，品位无可挑剔。她总是替我选择衣服，就是她自己风格的翻版，只是不那么成人，带些少女气质还有鲜花图案。"Turney 解释说：

> 口述史能获得来自设计与时尚史方法之外对服装的评估和理解。个人对谁在什么时间穿了什么的回忆，以及所唤起的当时所穿着装的经历，都为选择展览对象提供了信息。在这方面，口述史被证明是一种工具，让参观展览的人可以在事先不了解时尚及其历史的情况下融入展览中。（Turney 2005：63）

基于对象的研究与书面文件 / 文学资源

时尚 / 服饰研究不会只依赖书面文件或文学资源，这类研究可与基于对象的研究结合起来。有许多以对象为中心的历史学家和策展人在博物馆工作，他们使用服饰和纺织品作为主要的证据来源。他们整合了实物证据和书面文件，深入调查贸易和消费等历史实践。

最近，在解释历史物品时，不同的研究者都开始关注细节。

Handley（2005）比较了埃及红海海岸考古发掘中发现的罗马时期（1世纪至3世纪之间）和伊斯兰时期（11世纪至14世纪之间）的纺织品，她使用文献记录进行的研究，基本上没有用到实物。她查阅了该地区的文献记录，例如1世纪时期的商人指南，来帮助她解释所研究的纺织品。与考古发掘清单相比，文献记录可以提供更多信息（Handley 2005：10）。文献记录可以辅助对考古结果的解释，帮研究者更好地理解这些纺织品在当时是如何被使用的以及人们对它们是怎样理解的。

Rose（2005）专注于对绗缝衬裙（quilted petticoats）销售和消费的研究，这类服装在英国是第一批成衣，曾被广泛销售和消费。在研究中她参阅了关于18世纪消费、文档和纺织品的文献资料。人们可以使用遗嘱、发票、遗嘱清单和其他文本来源来进行研究，贸易卡、商业文件也可以成为研究的主题。

Mikhaila和Malcolm-Davies（2005）研究了16世纪都铎（Tudor）时期普通人的着装。这项研究根据工人、水手、仆人以及地位低下的工匠和商人（如木匠、铁匠、面包师和屠夫）留下的遗嘱（Essex wills），对伊丽莎白（Elizabethan）统治期间普通人的衣橱进行了深入考察。Essex档案办公室（The Essex Record Office）在1983年至2000年间出版了由F. G. Emmison编撰的一系列书籍。"我们对十卷Essex遗嘱（Essex wills）的每一卷都进行了检阅，获得了与服饰和纺织品有关的参考资料。我们将立嘱人提到的相关内容按照服装或配饰类型、颜色、织物类型进行了分类。"（Mikhaila and Malcolm-Davies 2005：18）。这项研究系统地研究了大量文件，通过相对适合的方法，得到了都铎时期人们常用的服装、面料和颜色的结论。

Palmer 关于 Christian Dior 时装（Christian Dior's dresses）的跨学科研究

Palmer（2018）调查了 Christian Dior 历史上的创新制衣技术，比如羽骨和多层衬裙（2018：26）。这些技术是在实心结构（solid construction）以及其他早已被遗忘的技术（long-forgotten techniques）基础上发展而来的。作者先是考察了皇家安大略博物馆收藏中的 40 件服装，这些服装大部分由多伦多社会名流捐赠，然后探讨了在 1950 年代 Dior 的风尚怎样塑造了大众对女性气质的渴望（aspirations of femininity）。这项研究取材于公司的 Dior 档案资料（Dior Héritage），如照片、报纸、杂志、口述史和服装研究。Palmer 解释说：

> 研究博物馆所藏设计中的构思和材料，有助于我们了解那些让 Christian Dior 在 1950 年代具有很大影响力和象征意义的时装究竟是什么。近距离的检查能看清那些创造性的纸样制作中的品牌标记，这需要高难度和专业的缝纫技术。（Palmer 2018：26）

她将 Dior 的设计特征分为四个元素：（1）束身衣、胸衣张骨和衬裙；（2）内部结构，如衬里、面、衬层等；（3）设计细节，如口袋、省缝、褶皱等；（4）纺织品、刺绣、丝带和花边。

Palmer 的研究不仅是基于对象的，而且是超越其他领域的，该研究让她探索到了设计师和品牌的惊人成功。

光靠金钱并不能使公司（House）取得成功并维持至今。从一开始 Christian Dior 就为未来的战后经济做了准备，并有专职人员系统地跟踪产品的创作、制造和销售以及众多的商业许可和运营。员工收集有关买家、客户和国际品位的信息，以了解和迎合迅速扩张与多样化的市场，通过平衡生产和销售，保证 Dior 的完全独立性。（2018：4-6）

作者有机会接触 Dior 档案资料（Dior Hèritage），它保存了各种商业记录、时装秀项目，以及出版的草图和照片。她写道，"这些是无与伦比的资源，它们记录了公司的内部运作，包含了从这个时期开始的与高级时装业务有关的最广泛的历史记录"（Palmer 2018：7）。

Palmer 还发现了大量图表，在这些图表中可以找到每款设计由谁来制作，谁来展示，以及它们在各季时装秀中的展示顺序。这些图表展示了大家为每季所生产的约 200 种设计所付出的巨大努力（2018:7）。除了公司归档的文件外，她还调查了照片、其他档案和口述史记录，追踪从巴黎到多伦多的合作历史。她采访了许多时装捐赠者，了解他们在哪里购买所穿的 Dior 时装，这些资料不仅是关于服装设计和制作的文档，也是制造商、销售商和消费者的生活见证（2018：8）。

Palmer 撰写了一本关于 1947—1957 年 Christian Dior ROM 系列时装的传记，并将收集到的数据写进了"剖析 Christian Dior"一章（2018：94-259）。书中提到了每款时装的名称，时装展中所用的系列名称，标有首席缝纫工或裁缝名字的工作室名称，内部模特的名字，时装穿着的场合（上午、晚上等），每款时装的刺绣人的名字等（2018：96-

259）。为了显示创新的精确细节，书中列出的设计还附上了精选的设计草样。

考古服饰与物质文化

Martin 和 Weetch 汇编了一册《服饰与社会：考古学的贡献》(*Dress and Society：Contributions from Archaeology*, 2017），书中选编的论文探讨了如何理解考古学领域中有历史意义服饰的社会背景的重要性。作者解释说，该领域有三个流行话题，将服装置于更广阔的社会文化环境时的身份、身体和物质文化。该书提供了各种考古方法，以及从史前到后中世纪欧洲的研究案例。它是考古学中的一个分支学科。

由于几乎没有任何 15 世纪以前的历史服饰文物存世作为证据，16 世纪到 17 世纪之间也只有残片留世（Edwards 2017），因此考古学家对"服饰"一词的定义非常宽泛，包括各种形式的身体装饰，如发型、文身或身体修饰。由于纺织品不易保存，他们专注于不易腐烂的金属残骸，如秘藏起来的首饰饰品（Wilkin 2017）、军用皮带（Hoss 2017）和胸针（Adams 2017）。考古学对服饰的理解关注着社会的基本方面，Martin 和 Weetch 解释了出土物品和身份之间的重要关系：

> 长期以来，人们认为服饰与穿戴者的身份有着特别的关系……过去人们选择装饰自己的物品被认为具有种族、年龄、性别等指示。早期的学者对饰品与身份之间关系的阐述很直白，而当代考古学家则认为二者之间有着更加微妙的关系。一直有观念认为，在所有形式的物质文物中，服饰特别适合身份的构建和表达。（Martin and

例如，Adams 研究了早期和中期铁器时代中，公元前 450 年到公元前 150 年期间英国的饰针。Adams 专门从墓葬和非墓葬两种背景下调查它们与什么相连，在身体的什么部位被发现，被放置成什么样子，以及它们可能的展示和磨损方式（2017：48-68）。这种情景证据和信息使研究能够探索胸针的含义及其与佩戴者的身份和外貌的关系。它将证实早期和中期铁器时代的饰针在研究英国铁器时代的服装和身份中的作用（Adams 2017：49）。对象，无论是历史的还是当代的，都会凑在一起，共同讲述关于人和社会的故事。

—— **结语** ——

历史学家、艺术史学家、服装史学家和博物馆策展人采用的基于对象的研究经历了一个转变，一般时尚 / 服饰学者都试图将它置于物质文化研究的语境中，以便弥合基于对象的研究和以社会和文化符号与意义为重点的研究之间的分歧。许多基于对象的研究者将该方法与其他方法论策略相结合，通过结合其他方法，如口述史和档案材料形成跨学科的方法。

Brandenburgh，Chrystel Richarda（2016），*Clothes Make the*

Man：*Early Medieval Textiles from the Netherlands*，Leiden，NL：Leiden University Press.

Johnson，Lucy，Marion Kite，and Helen Persson（2016），*19th-Century Fashion in Detail*，London：Thames and Hudson.

Loren，Diana Diapaolo（2011），*The Archaeology of Clothing and Bodily Adornment in Colonial America*，Miami，FL：University Press of Florida.

North，Susan（2018），*18th-Century Fashion in Detail*，London：Thames and Hudson.

Schafer，Dagmar，Giorgio Riello，and Luca Mola（2018），*Threads of Global Desire*：*Silk in the Pre-modern World*，Woodbridge，NJ：Boydell Press.

Vincent，Susan（ed.）（2017），*A Cultural History of Dress and Fashion*，London：Bloomsbury.

Welch，Evelyn（ed.）（2017），*Fashioning the Early Modern*：*Dress*，*Textiles*，*and Innovation in Europe 1500–1800*，London：Oxford University Press.

7

在线研究与民族志

目标

- 学习在线研究与线下研究间的区别
- 检验在线信息的有效性和可靠性
- 理解数字素养技能的重要性
- 探索学习如何利用博客和社交媒体作为研究工具和研究对象

在当下，不使用网络资源几乎已经不可能了。网络不只是可以用来找你的儿时好友在哪里，还能用于学校布置作业和从事专业研究。当遇到不清楚或不知道的事物时，大多数人首先就是去网上找相关信息。在互联网出现之前，信息可不是免费的，要我们用钱去买。今天，有海量的免费信息供大家查阅。每个人都能自由地发布和接收信息，

因此，互联网是一种民主的工具。此外，研究者使用互联网获取学术文献，并与同事一道通过网络撰写并出版学术专著。他们不仅将互联网当作研究工具，还将其作为研究对象和研究焦点。

本书前面几章里讨论的大多质性研究方法，例如分析某种面料对象（material objects）时所进行的问卷发放和访谈，在线上同样可以进行。再举个例子，对服饰（dress）进行符号学分析时，虽然在线研究不能像线下研究那样对所有部位和角度进行观察，但是世界上许多博物馆，比如大都会博物馆（Metropolitan Museum）、维多利亚与阿尔伯特博物馆（Victoria and Albert Museum）和纽约时尚博物馆（the Museum at FIT）等都将其收藏的文物包括服饰收藏进行了数字化，这样任何对这些藏品感兴趣的人都可以通过互联网获取相关的资源。同样，民族志也能在网上进行，研究者观察人们在虚拟世界中的所作所为、交流互动等，这被称为数字民族志（digital ethnography）或网络民族志(netnography)。实时在线交流也可以被看作面对面的讨论。（Poynter 2010：108）

在线研究的一大优势在于，它可以让我们无须真正进行跨地区或跨国旅行就能走遍世界各地，接触国外的社区，从而节省大量的时间和资金。由于在线研究几乎不受什么制约，还可以拓展我们的研究视野。社交媒体正从方方面面改变着世界的陈规（Luvaas 2016；Luvaas and Eicher 2019；Mora and Rocamora 2015；Rocamora 2017），社交媒体工具让研究者在学术研究中找到研究焦点，或者本身就成为研究焦点。以下是一些我们所熟悉的主流社交媒体工具：

创建年份	社交媒体	月活跃用户数（2019 年 5 月）
2015	Periscope	1 千万
2011	Snapchat	3.01 亿
2010	Instagram	10 亿
2010	Pinterest	2.5 亿
2009	WhatsApp	16 亿
2007	Tumblr	4.59 亿
2006	Twitter	3.3 亿
2005	Reddit	3.3 亿
2005	YouTube	19 亿
2004	Facebook	2.32 亿
2003	LinkedIn	3.03 亿
1998	Blog	4.63 亿

数据来源：整理自 www.ominicoreagency.com 和 www.stastia.com

本章将分为两节：

第一节：使用在线资源做研究，这部分将讨论数字素养技能（digital literacy skill）的重要性，评估网络资源的可靠性和有效性。

第二节：将社交媒体作为研究对象，这部分将探索时尚服饰学者如何调查社交媒体里生产者和消费者中的活跃用户，并研究相关内容和他们的在线活动。

───── **第一节：使用在线资源做研究** ─────

发布在网上的资源数量非常庞大。在研究中，我们应该明智地、专业地、批判性地使用它们。学生、学者和从业者在进行研究时都依赖于互联网，其方式与在图书馆查阅印刷文献不同。互联网内容的危险在于，任何人都可以创建一个网站并发布几乎任何内容，无论这些内容是否虚假、是否准确、是否虚构。有些机构提供的独家信息是需要收费的，我们也可以获得大量免费的信息。目前，由于互联网内容缺乏足够的法律监管，因此对在网上获取的信息进行评估就显得至关重要了。学会使用互联网进行研究是我们都需要掌握的技能。

培养数字素养技能

和前面各章讨论的研究方法一样，在线资源也有优势和劣势。在线研究不是随意地上网冲浪或出于好奇而用搜索引擎进行检索。正确使用在线研究可以提升你的论文和你本人的可信度。当我们面临太多选择时，反而会迷失其中而不知道该选择哪一个。我们要的是有事实依据的客观证据，而不是个人观点。在线资源的优势在于它们的流通性和资料信息可以不断修订和更新，而传统印刷出版物无法做到这种修订和更新。在线内容可以每小时或每天进行更改修订。在线内容中的任何错误，一旦被发现便可立即得到修改，而不必等到下一期才看到更正声明或进行修订。培养我们的数字素养技能已变得非常必要，因为它使我们能够看到真实的事件和虚构的故事之间的区别，就像我们需要知道"真新闻"和"假新闻"之间的区别一样，后者是故意传播的虚假的、捏造的新闻，为的是迷惑公众。信息的可靠性和有效性是决定是否使用这些材料作为证据的关键。

评估可靠性和有效性

当你通过网络收集数据并评估数据的可靠性和有效性时，需要问自己以下几个基本问题：

（1）隶属关系：网站是谁的？哪个个人／组织或社区创建了这个网站？

（2）权威性：这是有信誉的个人或组织的网站吗？这个人或组织在这个领域有多大的权威性？他们是专家吗？

（3）流通性：资料标注了日期吗？上次更新是什么时候？

（4）可靠性：网站提供的资料源是一手的还是二手的？信息能得到证实吗？图表可靠吗？是否提供了完整的参考文献？

（5）受众：这个网站的受众是谁？内容是为谁写的？读者是谁？

以下是部分可靠的数据来源，包括学术期刊（如《时尚理论》[Fashion Theory]、《时尚实践》[Fashion Practice]、《国际时尚研究杂志》[the International Journal of Fashion Studies]）、政府文件、行业出版物（如《女装日报》[Women's Wear Daily]、《鞋类新闻》[Footwear News]）、报纸（如《纽约时报》《华盛顿邮报》）、新闻杂志（如《商业周刊》《泰晤士报》《新闻周刊》）和上市公司网站及发布的新闻稿。以下是部分推荐数据库，包括 Jstor，谷歌学术，布鲁姆斯伯里时尚中心。世界各地的大学和教育机构的图书馆馆员也会为学生和研究者提供关于怎样利用网络资源的信息和建议。

相比之下，通常应对自建网站和博客，以及在 Facebook，Twitter 和其他社交媒体中的评论持怀疑态度。以下是一些研究案例。

Deeterbeck 等人关于时尚博主如何寻找和使用信息的研究

Detterbeck，LaMoreaux 和 Sciangula（2014）的这项研究调查了时尚博主如何为其博客寻找信息来源。这篇文章可以用来理解社交媒体内容的有效性和可靠性，也可以用来学习探究社交媒体的研究方法。

Deeterbeck 等人进行了一项在线调查，调查了时尚博主的信息检索行为和他们使用的研究方法。Deeterbeck 等人向他们提出了一些问题，比如他们是如何发现和使用信息的、如何与信息专家交流的。

谷歌进行了一次问卷调查，询问时尚博主撰写文章时需要什么信息，这些信息是在哪里找到的，以及他们如何利用信息检索的专业知识。这项共有 20 个问题的问卷包括了人口统计问题，询问了博客内容的细节。在调查结束时，谷歌还询问受访者是否愿意与他们保持联系以便进行后续采访。这项调查通过 Facebook，Twitter，Pinterest，Tumblr，LinkedIn 和时尚博客在线社区的讨论版等社交媒体网站发布。此外，他们从广受欢迎的国际博客目录中选出著名时尚博主，将问卷以邮件的形式发给他们。这项调查从 2012 年 3 月初持续到同年 4 月底，在此期间他们收到了 31 份答复，其中 19 人同意接受后续采访，后续采访又提出了 8 个额外的问题。Deeterbeck 等人解释说，他们希望通过这些问题获得关于信息是如何收集利用以及时尚博客文章如何撰写的详细见解（2014）。质性数据是本研究的重要组成部分，所以大部分调查问题都是关于过程和方法的深入的、开放式的问题。

他们发现了以下三个因素和共同点：

（1）表现得真实和知识渊博很重要，这使时尚博主不愿向信息专业人士进行咨询以获得研究帮助。

（2）博客固有的快节奏特性阻碍了深入研究。

（3）时尚博客依赖于时尚博主和其他在线资源之间的信息共享，但是公平一致的引用标准尚未建立起来。

（Detterbeck et al. 2014：353）

虽然 Deeterbeck 等人解释他们的研究样本较小，两个月只调查了 31 个研究对象，并且得出的结论可能无法代表所有的时尚博客，但这仍是一项重要的研究，它为今后的讨论和研究博客中与时尚相关的信息的可靠性打下了基础。

维基百科的使用

维基百科于 2001 年上线，是一个免费的在线百科全书，任何人都可以编写、发布和编辑相关内容。根据维基百科的数据，截至 2019 年 4 月，维基百科提供超过 280 种语言的版本，其中英文版有近 600 万篇文章。我们中的许多人把维基百科作为了解我们一无所知的话题的基本信息的起点。但它有多可靠？对研究来说它多有效？对于该网站的有效性和可信度，一直存在各种相互矛盾的报道和研究。

2009 年，公司宣布对关于还健在的人的文章进行编辑审查（Cohen 2009），但 Luyt 和 Tan（2014）研究了维基百科中一部分关于国家历史的参考文献和引文，发现许多说法无法通过引文加以证实。这些引文本应来自学术期刊或政府官方网站，但实际上它们的来源很不可靠。据 Morse 和 Shut 对法国 11—25 岁年轻人对维基百科信任程度的调查，信任度取决于寻找信息行为的类型和教育水平（2018）。对于非学术性的行为，使用维基百科或许可以接受；但对于要进行学术论文写作的学生来说，他们的导师不鼓励他们将维基百科作为资料来源，这其实是对维基百科的负面看法。

不能确定维基百科与《大英百科全书》是否具有相同的可信度，后者是世界上最有声望的百科全书之一，对维基百科的研究还没有定论。因此，我们需要意识到维基百科的内容具有不确定性，在进行学术写作之前，我们需要对来自维基百科的内容进行再次检查和确认。

——— 第二节：将社交媒体作为研究对象 ———

如前所述，虽然研究者对社交自媒体内容作为事实证据来源的有效性存有质疑，但利用这些内容的一种方式是将其作为研究主题或焦点。近年来，时尚 / 服饰学者一直在调查社交媒体的内容及其用户，如博客、Twitter、instagram 和 YouTube 等的用户，以探索与线下社交和交流方式相类似的虚拟在线社区。这些研究变得越来越重要和有意义，因为网络社区具有自我价值观和规范，其本身已经成为一种文化。

由于时尚与博客圈之间的重要性和相关性越来越高，《时尚理论》（*Journal of Fashion Theory*，Mora and Rocamora 2015）推出了主题为"分析时尚博客——进一步研究途径"（Analyzing Fashion Blogs—Further Avenues for Research）的特刊。编辑指出，有必要"对各国的时尚体系和传统进行更多的比较研究，并在此基础上，对各自的时尚媒体和时尚博客领域进行比较研究"（2015：151）。他们提出以下问题：来自不同国家的博主如何看待自己的角色？他们如何与时装业谈判？更通俗地说，时尚博客与特定国家或跨国的对时尚的传统报道有什么联系？（Mora and Rocamora 2015：151）。

博客和社交媒体在研究中有多种不同的使用方式，以下是一些重要的研究例子。

Rocamora 关于时尚媒介化（mediatization）的研究

Rocamora 探讨了流行于时尚各个领域中的，时装生产者和消费者对数字媒体的使用。这种媒体存在于时装秀和服装（garments）的生产、服装零售和时尚的自我塑造之中。在时尚界，一切都是媒介化（mediatization）和数字化的。例如，过去面向行业中专业人士的时装展示秀，现在则通过网络平台向大众传播从而可以让所有人都能看到，它们已成为一种公共现象和娱乐活动（2017：509-512）。过去只为行业里的知名或有地位的人士保留的前排座位上，现在坐着的是时尚博主和在社交媒体中具有影响力的人物。照片会在时装秀结束后立即上传到 Facebook，Instagram 或 Twitter，甚至与时装秀同步上传。所有的时装秀都很好地利用社交媒体在全世界推广他们最新系列的时装。Rocamora 认为，网络平台已经成为传播藏品的合法空间，甚至连设计师都在用社交媒体进行时装设计，他们考虑的不是时装穿在身上的感觉，而是时装在社交媒体中看上去应是什么样子。同样，零售商也考虑在网上展示服装以便于网络销售，博客和微录用户（vloggers）已经创建了网上购物的形象。Rocamora 令人信服地指出，媒介化（mediatization）是一种有用的分析工具，可以用来思考当前时尚领域与数字媒体相关的一些变化（2017：518）。

Luvaas 关于街头摄影博客和自我民族志的研究

Luvaas 一直在积极地关注博客在其研究中的应用。他调查了全球时尚产业扩张的背景下印度尼西亚的时尚博客（2013），认为他们正试图使印度尼西亚成为一个创意制作网站，而不是生产他国时尚产品的基地。随着印度尼西亚进一步融入全球经济，他们个人也付出了巨大的代价（Luvaas 2013：55-76）。

此外，Luvaas 还提出了一种独特的方法，将自我民族志（auto-ethnography）和博客结合起来，对纽约和费城等不同城市的街头摄影师社区进行调查。他将自我民族志解释为一种自我反思的方法，以数据的形式明确地思考一个人的思想、感受和经历（Luvaas 2016）。他不再是客观地调查街头时尚的博主，而是把自己当作研究的工具。Luvaas 对他采用的方法做了如下解释：

> 我进行实地调查的过程经历了有意识的自我审问和其他无意识行动的时刻，从一个标榜街头时尚博主的做事立场出发，而不去思

考这是什么或这意味着什么。事实上，我认为，要获得博主的亲身经历，就需要这种无意识的行为。成为一个博主的过程就是将博客行为的实践进行内化和规范化到某个程度，从而使其不再是有意识的思维所能获得的。我不能简单地选择变成街头时尚博主，然后再进行我的研究。我必须有一个缓慢而深思熟虑的过程（见Deleuze and Guattari 1987）进行内化、体现和执行，这个过程时断时续，上下起伏，但所有这些最终促成了我在理论层面上对街头时尚博客行为的理解。（Luvaas 2016：5）

通过这种方式，Luvaas 像街头摄影师和博主那样生活，体验他们的生活，同时成为社区中的"一员"，并最终变成了一个局内人。他大方地承认他的观点是主观的。"拥有一个博客可以教会我写博客'是什么'（whatness）及'怎样写'（howness），写博客的日常约束、伦理问题以及文化规范。当然，这也会教会我制作图片博主那样的图片所需的设备知识和操作知识（Luvaas 2016：1-20）。"

Duffy 对创意经济中博主无报酬劳动的研究

Duffy 分析了活跃的社交媒体用户与女性劳动和经济的关系，并批判性地审视了那些试图让时尚博客成为职业的人（2017）。她调查了那些认为社交媒体平台是实现梦想和获得经济成功的地方的女性。任何一个有着良好时尚品位的人都可以创建一个时尚博客，每天发布与时尚相关的新信息，但他们都能在时尚界大展拳脚吗？Duffy 对从事这种无报酬或低报酬工作的博主、视频博主和设计师进行了采访，他们希望能与各大时尚品牌建立有利可图的合作伙伴关系，但在此之前，他们的工作是无偿的，同时还牺牲了他们的时间和金钱。只有极少数社交媒体用户能挣到养活自己的钱。这个工作看似民主、对每个人都开放，但只是一个神话。Duffy 认为这是"令人心向往之的工作"，"这些活动具有生产性、目的性、任务导向性和价值创造功能"（2017：8）。数字化的世界改变了工作和职业的结构，看起来似乎消除了专业人士和业余人士之间的鸿沟。

其他关于社交媒体和时尚的重要研究

还有许多其他关于探索社交媒体内容及其用户的研究。这些研究或将其作为身份构建和表现的方式，或通过在线民族志调查特定的线上社区。Choi 和 Kim（2019）研究了线上运动鞋社区"Niketalk.com"，以观察会员如何在网上进行交流和互动后最终决定购买哪一款运动鞋。Kretz（2010）研究了消费者在个人网站上为展示自己或真实性的或漫画性的或虚构性的一面而进行的自我数字化过程。Sur 的工作（2017）是研究生活在印度加尔各答的 15 岁至 19 岁女孩浏览的美容和时尚博客（2017），并探讨这些女孩如何使用这些博客以及这些博客如何影响她们的外表。印度的美容文化认为，美容博客是"女性化的空间"，教会了女孩如何表现女性气质（Sur 2017）。Findlay（2017）通过关注受欢迎的博主，如 Susie Lau，Rumi Neely 和 Tavi Gevinson 等，探讨了内容生产者和消费者在个性、美学和表现上的理念，还探讨了数字平台的两面性，以及驱动和激励这些博主在网上为自己开辟空间的原因。

结语

　　自从互联网和社交媒体出现后，人们生活的每个领域都发生了巨大而彻底的变化。我们相信并非常依赖我们在网上找到的信息，为了评估这些信息的质量，我们需要培养我们的数字素养技能，这对我们的日常生活和学术论文写作都是有用的。此外，在数字化和媒介化的过程和实践中进行时尚研究，可以让我们了解到时尚体系和产业在结构和机制上的变化，以及时尚专业人士未来需要具备哪些技能和专业知识。

扩展阅读

Boellstorff Tom, Bonnie Nardi, Celia Pearce, and T. L. Taylor (eds.) (2012), *Ethnography in Virtual Worlds : A Handbook of Method*, Princeton, NJ : Princeton University Press.

Salganik, Matthew (2017), *Bit by Bit : Social Research in the Digital Age*, Princeton, NJ : Princeton University Press.

Sikarskie, Amanda Grace (2018), *Textile Collections : Preservation, Access, Curation, and Interpretation in the Digital Age*, Lanham : Rowman and Littlefield.

Skageby, Jorgen (2010), "Online Ethnography Methods : Towards a Qualitative Understanding of Virtual Community

Practices" in *Handbook of Research on Methods and Techniques for Studying Virtual Communities* : *Paradigms and Phenomena*, Publisher IGI global ; pp. 410–428.

Smith, Linda Tuhiwal (2012), *Decolonizing Methodologies : Research and Indigenous Peoples*, 2nd edition, Zed books.

Valkenburg, Patti M., and Jessica Taylor Piotrowski (2017), *Plugged In : How Media Attract and Affect Youth*, New Haven, CT : Yale University Press.

8

OTHER METHODOLOGIES

其他方法

目标

- 学习其他量化研究方法，例如口述史、常人方法论、跨国研究等
- 理解综合运用量化与质性方法
- 探索时尚 / 服饰相关研究中所使用的前述章节未探讨的各种方法
- 确定如何在一项研究中混合使用不同的方法

　　本章中，我将简要介绍其他几种用于研究的方法，其中有些方法可能已经在前面几章的案例中提及了并进行了简单介绍。实际上，在理想状态下，不仅时尚 / 服饰研究，任何研究都应该采用多种研究方法，这样才能从不同的渠道收集信息，得出更加准确可靠的结论。采用最好最恰当的方法来获取针对研究问题的最佳答案，这是研究者

的一项职责。综合使用不同的方法，方能在时尚／服饰研究中获得跨学科的视角。适用于时尚／服饰研究的其他质性研究方法有档案记录（archival records）、历史编纂学（historiography）、常人方法论（ethnomethodology）等。

质性研究采用多种方法进行聚焦，通常涉及对主题的解释和自然探究（Flick 2018b；Trumbull 2005）。它意味着质性研究者在自然环境中研究事物，试图根据人们赋予它们的意义来理解或解释现象。质性研究涉及各种实证材料，如研究案例、个人经历、生活故事、访谈以及具有观察性、历史性、互动性和视觉性的文本，这些材料描述个人生活的意义、日常生活和遇到问题的时刻。质性方法是归纳性的，目的是描述多重现实，发展深刻的理解，捕捉人们的日常生活和观点。它是对正在研究的现象进行发现的过程，更适合宽泛的、通常以某种理论框架为基础而提出的问题。

——— 档案记录与历史研究 ———

档案记录可以是任何形式的，包括纸质或电子文本、照片、电影、视频和录音。与民族志或访谈相比，这种研究策略非常低调。档案材料不需要研究者当时就身处现场。尽管这种策略不那么引人注目，但同样可以检查和评估人类活动的痕迹。人们做了什么，行为方式如何，怎样构建日常生活，甚至人类如何受到某些意识形态观点的影响，都可以从人们有意无意留下的痕迹中观察到。

档案记录可分为公共档案记录（public archival records）和私人档

案记录（private archival records）。公共档案的记录形式是为了让他人检阅而设计的。公共档案多以某种标准化的格式书写，然后采用某个归档体系存放，例如按照字母顺序、时间顺序或数字顺序进行索引编目。档案馆（archive）让人联想到某种形式的图书馆（library），只不过里面全是经过登记的档案记录。另一方面，私人档案则是涉及当事人所创造的与其经历相关的任何书面记录。在这一标签分类下常见的文件类型包括自传（autobiography）、日志与日记（diaries/journals）、信件（letters）和研究调查中由研究对象撰写的备忘录（memos）。照片和视频记录也可以作为私人档案的类别。

例如，Ko 对中国女性的缠足习俗进行了研究（1997，2007），她从 16 世纪至 20 世纪初在欧美出版的旅行记录和中国概况中获得了书面资料。Ko 在马萨诸塞州皮博迪埃塞克斯博物馆（Peabody Essex Museum）的詹姆斯·邓肯和斯蒂芬·菲利普斯图书馆（James Duncan and Stephen Phillips library）中发现了这些原始资料（1997：5）。谢泼德（Shephard）在一项关于中国女性缠足的类似研究中解释说，自 1990 年代以来，中国历史档案馆中涌现出大量关于缠足文化的文献，其中包括文学和历史著作、以鞋类为代表的缠足物质文化研究，相关的绘画和照片，以及基于民族志、调查和人口统计资料的作品。谢泼德调查了几项 20 世纪初的缠足证据，这些证据来自当时的人口普查，如 1905 年和 1915 年中国台湾地区进行的人口普查，1928 年中国华北地区进行的稍粗略的人口普查。他认为，在一个社会等级竞争激烈的文化中，缠足是霸权地位的象征，女孩怕因不缠足而被嘲笑。

历史研究是从史学角度来考察研究对象。"历史"一词与"过去"

意思相近，在概念上指的是很久以前的、过去的事件。从社会科学的角度来看，历史是对过去的一些事件或一系列事件的记述。时尚／服饰研究中的历史研究是从记录和记述中发现人们在过去某个时期的穿着和为什么那样穿的研究方法。它不只是对过去事实的重述，或只是把从日记、信件或其他文件中发现的那些老掉牙的信息联系在一起，这些信息有可能与事件本身一样重要。历史研究是描述性的、事实性的和流动性的，它与一个人是否怀旧或多愁善感无关。社会科学研究重视客观性。因此，它试图系统地再次捕捉各种细微变化，那些塑造和影响了当下的人物、意义、事件甚至想法。

历史学家使用的数据来源与许多其他社会科学家相同，都是来自如机密报告、公共记录、政府文件、报纸社论和故事、散文、歌曲、诗歌、民俗、电影、照片、文物，甚至采访或问卷调查等。他们将这些不同的数据分为一手来源和二手来源。一手来源包括当事人的口头或书面证词。它们是与事件或经历的直接结果相关的原始工件、文档和项目。它们可包括文件、照片、录音、日记、日志、生活史、图画、纪念品或其他遗物。二手来源包括某个特定事件发生时当时没有在场的人的口头或书面证词。它们是由他人撰写的、与特定研究问题或研究兴趣领域相关的文档或对象，这是二手资料的特征。二手来源可包括教科书、百科全书、个人或群体的口述历史、期刊文章、报纸故事，甚至讣告。

口述史／叙事和服装传记

历史学家、社会学家或文化人类学家使用口述历史或口头叙述。第 6 章"基于对象的研究"中讲到你可以参考个人的口头或书面证词，或采访仍然健在的个人，要求他们回想并回忆他们过去与研究问题相关的经历。因为那些经历或事件是人们实际上经历过的，这些叙述的价值正在于此。

一部名为《时尚剧院》(*Theatre de la Mode*，1991) 的纪录片，展示了法国从德国纳粹手中解放出来后，法国高级时装业的复兴过程。在纪录片中，法国著名女装设计师 Nina Ricci 的儿子 Robert Ricci 讲述了当时法国时装业的社会经济状况和工人劳动条件。另一位曾经穿过高级时装的女士谈到了她对法国时装的热爱，并谈起当时她每天要换几套衣服。叙事研究 (Narrative research) 是一种调查形式，研究者研究相关的个人生活，并要求一个或多人提供关于他们生活的故事 (Clandinin 2013；Clandinin and Connelly 2000)。然后研究者将这些信息修复完整并重新编入叙事年表。最后，来自调研对象和研究者的人生观通过叙事而相互结合，形成协作式的叙事。

Shukla 在她的研究中使用了口头叙述 (2015b)，她称之为"服装自传"(sartorial autobiographies)，受访者谈论了自己的生活故事，尤其是对服装的选择。她建议我们的研究从以事物对象为中心转向以人为中心 (2015b)。"以人为中心的着装研究不仅承认穿衣服的人，而且也承认参与服装创作和表演的人，它密切关注这些创造性行为发生的背景"。

Shukla 认为"服装自传"有两种形式之一：

它常常是一个故事，以第一人称自始至终讲述着一个人的一生。或者，它也可以是告诉别人的一段叙述，然后别人把关于这个人的信息拼凑在一起，然后按照逻辑顺序组合起来。"服装自传"通常属于我们所说的第二类自传，这类自传由一位作家，或者在我们的案例中，由一位学者或策展人来撰写。通过直接观察、数据收集和与他人对话进行深入访谈的民族学实地调查，我们可以构建一个"如我们所闻"的传记。（2015b：56）

在 Shukla 深入实地的调查研究（2007，2008，2015a）中，她允许受访者讲述他们的自传故事，讲述他们对服装的选择以及他们的感受。当学者们还在谈论质性研究方法和量化研究方法的区别的时候，Shukla 就指出应将研究焦点聚焦于过去和现在之间的分歧。一些服饰学者研究历史文物，将服饰视为通向过去的入口，而另一些学者则通过对当代服饰的民族志研究来关注现在，这两种不同的时间方法可以结合成一种统一过去和现在的方法论，让我们用现在来理解过去的物质文化实践（Shukla 2015b：63）。

——— 书面文件和文献 ———

虽然仅仅依靠历史或当代的书面文献开展时尚 / 服装研究是困难的，但这些文献可以作为研究的补充材料。由于艺术家和设计师可能会偏离精准的视觉表现，他们图片的准确性需要由其他可靠的数据来确定。一种检查方法是查阅历史上同一时期对服饰的书面描述和评论，如个人日记、旅行和探险记述、目录、传记、小说、回忆录、散文、讽刺作品、历史和哲学书籍，以及礼仪和个人行为手册（Taylor 2002）。虽然宗教著作的写作目的与时装无关，但也能成为关于服饰的丰富信息来源。尽管这些书面证据可能受到偏见的影响，但它们可以提供信息，帮助验证视觉表现的真实性，并在当时的社会历史背景下阐明服装的意义（Roach-Higgins and Eicher 1973：15）。

文学研究者的研究对象是小说和非虚构作品，有的学者通过书面文献分析人物的外表和穿着。虽然社会科学家很少使用文学材料加以研究，但它是一种可行的质性方法。这些材料中可能有丰富的服饰描写，并将服饰置于特定的社会文化语境中。Buck（1983：89）解释说："当服饰（dress）被用来表达性格、阐明社会态度和关系时，小说可以给予更多信息。在小说家塑造的世界里，服饰就起到了这样的作用。"

一些时尚 / 服饰历史学家和研究者依赖小说、诗歌、戏剧、报纸、期刊、自传和日记作为描述性证据，但准确性需要质疑。这些材料需要和存世的服饰一起使用。Spooner（2004：1）解释说，哥特式文学、历史和时尚理论在 21 世纪初的学术话语中都取得了越来越突出的地位，服装和伪装、面纱和面具是哥特式小说中无处不在的特征。

同样，Koppen 将弗吉尼亚·伍尔夫（Virginia Woolf）的作品置于欧洲当代的时尚与服装实践和自 20 世纪 30 年代以来的服饰改革项目的背景中。Koppen 写作这本书的目的是通过伍尔夫作品中对服装的描写刻画来研究伍尔夫的文字，Koppen 的研究假设是服装在构建与重建历史性的时刻，以及在历史性时刻的文学表现中起了重要作用（Koppen 2009：1）。根据时尚调查，作为古典作家的文学学者还包括韦伯（2018）和戴维森（2019），前者探讨了普鲁斯特（Proust）所迷恋并在其书中提到过的历史人物；后者认为1795年至1825年的服装反映了英国动荡的时代，并研究了简·奥斯汀的小说作品和信件中对服饰和时尚的描述。

———— 常人方法论 ————

常人方法论（ethnomethodology）研究人们在日常生活互动中使用方法的理论。它是由加州大学洛杉矶分校社会学教授哈罗德·加芬克尔（Harold Garfinkel）于20世纪40年代创立的，他在《常人方法论研究》（*Studies in Ethnomethodology*，1967）一书中解释道，所谓的社会秩序是由社会成员（actors）内化而成的，社会成员再按照社会规定的规范和价值观来行动。书中还解释了秩序是如何随着社会成员的成就而产生的。

加芬克尔所创造的"常人方法论"一词指的是研究普通人（ethno）了解社会环境的方法。常人方法论学家把人们用来理解事件的方法和科学家使用的方法做了比较。对他们来说，理解社会行为的关键问题不仅是那些通过行为表达的价值观、观念、洞察力等要素，更重要的是确定这些要素在社会交往中是如何组合、交流、操纵和使用的。

常人方法论研究的是人们如何说服自己和他人相信社会中有稳定的秩序，以及这种秩序在社会交往过程中的作用和作为社会交往基础的本质。虽然有些研究者认为这种方法是不科学的，甚至是微不足道的，但它可以用于时尚／服饰研究，挑战或测试本应稳定的着装规范。我们对一件衣服应该如何做、衣服的不同构件看起来应该是什么样子、服装如何穿以及何时穿等，都有共同的看法。我还没有遇到过使用这种方法的时尚／服饰研究，但它可以产生许多令人信服的结果。例如，穿着一条脏兮兮的破牛仔裤去参加婚礼，或者一个男人在公共场合穿着粉色毛衣，你会通过别人的反应发现他们违反了社会着装规范。这些想法深深地植根于我们的头脑中，所以我们很多人对此认为理所当然。

跨国或跨文化研究

这种方法使我们能够在一个特定的主题中对不同国家和文化进行比较。研究者可以探寻其中的相同点和不同点，看看为什么有些事情只在某些国家发生。例如，某一特定的趋势在某些国家很受欢迎，而在其他国家则可能并非如此。

以下不仅是书面文件研究的例子，同样也是跨国或跨文化研究的案例，它们都考察了时尚报道和新闻业。它们的注意力更多地集中在书面文本上，而不是视觉材料上。Rocamora（2001）调查了1996年英国《卫报》和法国《世界报》关于高级时装秀的报道。她认为，在这两份报纸上，时尚领域都是围绕着不同的信仰而构建的:《卫报》将时尚作为流行文化，《世界报》将时尚作为高级文化。她回顾了所有关于巴黎和伦敦时装秀的文章、论文和评论。在这种情况下，视觉材料只被简单地用作补充材料。

同样, Janssen（2006）研究了法国、德国和荷兰三国新闻界在 1955 年、1975 年、1995 年和 2005 年对时尚关注的变化和跨国差异。她仔细调查了这些国家的主流报纸并进行了内容分析，研究了自 1955 年以来这些报纸对时尚报道的数量和内容是如何演变的（2006：2）。

她的研究与时装设计或设计师的收藏无关。她的兴趣在于不同文化中的精英报纸如何采访报道和描述时尚，并对其进行比较。

—— 视频与音频材料 ——

服饰与时尚的研究中已经使用了多种形式的视频记录。作为视觉文化的一部分，人们常常通过图片、版画、绘画和照片来研究时尚。时尚 / 艺术 / 服装（dress/art/costume）史学家（Hollander 1994；Steele 1985）采用历史视觉材料，如绘画、时装图样（fashion plates）、版画、商品目录、广告和宣传册等作为证据材料研究人们在特定历史时期中的穿着。Roach-Higgins 和 Eicher 对其所采用的、用来记录人们穿着方式的方法进行了如下解释：

> 雕塑、绘画和陶瓷……提供了非常古老的视觉表现。从 16 世纪开始，出现了展示服装的纺织品和印刷版，以及服装文物（costume artifacts）。服装史（costume histories）汇总了这些不同来源的数据。现代服装史（mordern costume histories）因为使用了实物照片，往往是彩色的，而更加准确……虽然当代的服饰是现成的，文物是有限的，且许多遭到了破坏。服装图样（costume plates）

Stella Blum 的作品以时尚目录、插图页和插图为基础。1973 年，她出版了一本由时装插图组成的书，这些插图全部来自 1867 年至 1898 年的 *Harper's Bazaar*。1976 年，她从 1915 年至 1936 年的 *Erté* 杂志中摘取 310 幅素描和 8 幅全彩插图。此外，在《20 年代的日常时装》（*Everyday Fashions of the Twenties*，1981）一书中，她利用从 Sears，Roebuck 和其他 20 世纪 20 年代邮购目录中的图片，探索了战争和技术发展对时尚的影响。1986 年，她出版了一本关于 30 年代日常时尚的类似书籍，从 Sears 目录中挑选了 133 页内容和 750 幅插图及其原标题。她的研究至今仍是了解美国时尚历史的宝贵信息来源。

Mackrell（2005）研究了文艺复兴时期皮萨内洛（Pisanello）的画作与其画作中的服装之间的密切关系，皮萨内洛曾在意大利的多个法院工作过，他在绘画中对意大利文艺复兴时期法院的服装进行了描绘。那些绘画不仅是绘画，还可看作创造出来的服装模型和设计出来的纺织和刺绣图案。Clark（1999）以当代照片、广告、日历、海报和时尚杂志为证据，展示了旗袍这种中国民族服饰的发展过程，以及它在 20 世纪 20 年代和 30 年代如何展示出现代性。

研究当代时尚 / 服饰的时尚学者也使用大量的视觉和音频材料，如照片、插图、电影和视频等。Chen 的研究报告以照片、海报、电影服装等作为研究素材的主要来源，并以报刊文章等书面材料为辅助来源，考察了 1949—1966 年中国共产党的理想化着装中的官方统一性的社会政治含义，以及着装中的差异和焦点（Chen 2005：145）。

某些研究者使用为一般大众消费而制作的视频或音频材料。这些材料包括电视节目、录音带、录像带、DVD 和电影等。Baddele（2002）在他的研究中提到了一些与哥特（Goth-）相关的电影。那些研究时尚与摄影关系的人（Antick 2002：Martineau 2018；Tulloch 2002），在他们的研究中，视觉材料是不可或缺的，是关键的证据来源。

最近，一些电影学者开始关注与电影和电影业相关的身形（body）、服装和时尚。有些是特定电影类型，而另一些则是特定于某个时间段的。Germana 认为，邦女郎（Bond Girls）产生于男性对第二次世界大战战后女性解放兴起的焦虑，并分析邦女郎的着装是异国风情、权力和恋物癖的象征（2019）。Gilligan 以更笼统的方式看待电影，并探索服饰和时尚如何构建和塑造电影、广告和数字媒体中的叙述和身份。她的案例研究包括《加勒比海盗》《恋爱中的莎士比亚》《了不起的盖茨比》《留住最后一支舞》《黑客帝国》三部曲和《饥饿游戏 2：星火燎原》（2019）。Paulicelli 追溯了意大利电影自无声电影以来的社会文化历史，认为意大利电影业与意大利时尚同时出现，共同发展。意大利时装是第二次世界大战后的一款产品（2016）。

三角互证

对某项正在研究的主题来说，只靠一种方法永远无法提供足够多的信息。Harvey 认为，跨学科的方法和路径可以让人们将服饰作为"复杂的社会生活的视觉化"来欣赏（Flick 2018b；Harvey 1995）。大多数研究者熟练掌握至少一种方法技术，这种方法技术往往会成为他们最喜欢的或唯一的研究方法。这或许能解释许多以前的质性研究文本为什么倾向采用单一的研究方法，如参与观察、访谈或其他非介入性研究方法（unobtrusive measures）。此外，研究者认为他们的方法是一种非理论工具，并没有意识到某些方法会将某些观点强加于现实。当研究者开始他们的研究时，其实已经做出了一个理论假设。

一些研究者将量化方法和质性方法结合起来。例如，可以综合使用叙事描述和统计方法，因为叙事能够支持数据，反之亦然。此过程称为三角互证(triangulation)。每种方法都揭示了同一符号化的、现实的、略有不同的事实。因此，通过引入或使用不同的方法，你可以获得更好、更能反映实质的现实图景——由更丰富、更完整的符号和概念所组成的阵列（array）。

三角互证这一术语在行为测量、地图绘制、导航和军事实践中很常见。它在社会科学中最初是用作描述多种操作主义或融合验证的隐喻（Campbell 1956），它用于描述旨在测量单个概念或构念的多种数据收集技术。Denzin 引入了另一个隐喻，即行动线，它的特点是使用多种数据收集技术、理论、研究者、方法或这四类研究活动的组合（2017）。三角互证作为一种方法仅限在调查同一现象时采用多种数据收集技术。这是未来时尚 / 服饰研究所必须做的。

Buckridge 对加勒比地区花边树皮生产与消费的研究

Buckridge 在研究加勒比地区非洲传统的花边树皮（lacebark）生产和消费的习俗时，综合使用了多种研究方法（2018）以论证他的观点。

他分析了制作花边树皮的技艺是如何通过自由的以及被奴役的非洲女性在加勒比地区培养和延续的，他着重研究了妇女从事的与花边树皮相关的职业，以及使用花边树皮的技巧是如何帮助她们塑造身份的。

对研究来说，只采用一种方法是不够的，可能无法回答研究者提出的所有问题，所以需要运用其他研究方法来填补空白。虽然来自牙买加的花边树皮文物和标本幸运地得以保存，在世界各地的博物馆都有收藏，但寻找存世的花边树皮服装却并非易事，因为它们很难保存。Buckridge 研究了书面文献，对文物进行了分析，这些工作为拼凑出如何使用花边树皮提供了机会（2018：7）。此外，衡量被奴役妇女对地方经济的贡献相对具有挑战性，因为事实上她们是在非正规和无管制的小作坊里工作，没有留下书面或官方记录。有时 Buckridge 不得不根据有限的资源进行某些概括：

因为缺乏证据和黑奴证词，这就要求研究采用新的调查方法，从而揭露被奴役妇女使用花边树皮的问题。将跨学科手段与各种方法和以前被忽视的来源相结合，在这方面被证明是有用的。但有时由于证据失效和黑奴证词缺乏，我不得不从具体的例子中进行归纳。（Buckridge 2018：7）

他阅读了植物学期刊、词典和农业文摘中的科学研究和论文，这些都提供了有关花边树（lacebark trees）保护工作状态的宝贵信息。除了与科学家、环保主义者、政府官员、学者和意见领袖进行正式访谈和非正式对话外，他还参考了早期出自被殖民对象之手的插图和绘画。

这些视觉材料揭示了加勒比地区被奴役者和自由人的服装风格和花边树皮配饰。在牙买加、古巴、海地和多米尼加共和国进行实地研究时，他尽可能地采集了口述历史（Buckridge 2018：8-9）。

混合方法的使用让研究结果更丰富、更深入，因为它允许研究者从多个角度进行观察，让研究者能在偶然中发现以前从未想到过的东西。

——— 整合质性与量化方法的混合研究 ———

许多质性研究者不相信可以对人类的经验采用量化分析的方法，但将质性方法和量化方法相结合不失为一种理想的方法。某些类型的社会研究问题需要特定的方法（Creswell and Creswell 2018）。研究问题是一个需要解决的议题或关注点。例如，如果是要确定影响结果的因素，则最好采用量化方法，因为它是测试理论或解释的最佳方法。如果是需要理解概念或现象，且与之相关的研究又很少，那么就可以采用质性方法。当研究者不知道要研究的重要变量时，质性方法具有探索性，因此是有用的。由于研究主题很新，该主题从未与特定样本或群组联系在一起被讨论过，或者现有理论不适用于所研究的特定样本或组，此时就需要采用这种方法。

混合方法设计有助于获得量化和质性方法的优点。例如，你可能想抽象概括适合总体的结论，同时又仔细探讨适合个体的现象、概念或意义（Thompson 2012）。

如前面几章所述，量化研究在结果方面很容易与质性研究区分开来。在量化研究中，结果以数量或统计数字的方式呈现。研究者常常使用大型的、具有代表性的样本，从中可以对总体的参数进行推断（Neuman 2019）。他们的研究工具是问卷，问卷中的选项和"是 / 否"一类的回答可以转换成数字，他们可以轻易地管理大样本。获取可推广到总体的数据的最佳方法是使用无偏样本。相比之下，在质性研究中，趋势和主题一般用文字进行描述。研究者强调收集从小样本中获得的深入信息，而不考虑总体的可概括性。此类信息通过与研究对象进行一对一访谈来收集。因为目的不是对总体进行概括，所以研究者会努力寻找有意义的样本。有意选取的研究对象可能是很好的信息来源。以质性研究为导向的研究者通过使用前几章中讨论的方法，如访谈、开放式问卷、观察等，对研究对象进行深入的研究。在尝试识别因果变量时，自我报告（Self-reports）可能难以进行解释。研究对象可能不会说出其行为的某些真相；此外，他们可能没有自我洞察，不能理解自己为什么那样做。研究者的工作是获取可能与因果关系有关的信息，让研究对象了解他们自身的行为，并使他们能通过口述的方式表达自己的感受和行为（Flick 2018a）。

有些通用的原则适用于所有质性研究方法，这些方法应与其他研究一样，根据它是否对经验知识、理论发展做出实质性贡献来进行综合评估（Collins 1988；Marshall and Rossman 2015）。质性研究可以通过多种方式实现这一目标：它可以提供新的数据或在不同的时空范围内重现以前的研究；它可以让以前被忽视的对象发声，比如离经叛道的时尚亚文化（deviant fashion subcultures）中的年轻人；它可以研究那些难以进入的群体和正在出现的新时尚现象；它可以推进新的时尚理论或修正以前已被接受的理论。质性研究与纯量化方法大不相同，它可以提供数据并提出任何量化方法都无法提出的问题，其中原因之一便是它允许意外现象的出现。

Godart 等关于促使设计师成功的因素的调查

Godart 和他的研究团队在一项名为"设计师全球成功因素"（Factors that Attribute to Designers 2015）的研究中，综合使用了量化方法和质性方法来回答设计师为什么以及如何成为非常成功的且全球公认的最具才华的设计师。他们使用统计和口头数据（verbal data）来回答这些问题。

研究者收集了 2000 年至 2010 年 21 个时装季中全球高端时尚产业的行业数据。数据收集的第一步是确定市场上存在竞争关系的时装公司。他们收集了在巴黎、纽约、米兰和伦敦四个时装中心之一举办过大型时装秀的所有企业的信息，这四个时装中心是重要的时装业之都。这样的操作意味着，如果某公司没有参加这些城市演出，则将自动从研究范围中排出。研究中的时装店总数为 270 家，大部分数据是从公开来源收集到的。例如，他们从业界和头牌出版物（如 *Women's Wear Daily*，*Journal du Textile* 和 *Vogue*）中收集了供职于高端企业的设计师和创意总监的生活和职业经历，同时还参考了时尚模特目录，纽约的杂志，道琼斯公司等网站，对资料进行补充。关于设计师的数据上起 20 世纪 30 年代下止 2010 年。此外，Godart 等人在 2007 年至 2011 年对业内人士进行了 30 多次访谈。

研究者应该知道可以通过哪种方法来获取什么样的答案，那些无法通过数字数据得出的答案便通过口头、描述性数据来获得，反之亦然。

———— **结语** ————

　　研究方法的选择取决于研究者的个人训练和经验。接受过技术写作、科学写作、统计学和统计软件使用培训，并熟悉图书馆中与量化研究相关的期刊的人，很可能会选择量化研究设计。质性方法中的开放式访谈和观察，更多的是需要了解文学写作和相关经验。混合方法研究者需要熟悉量化研究和质性研究，还需要知晓整合这两种形式的数据的理由，以便在项目申请书中对其进行清晰阐述。

扩展阅读

Almila，Anna-Mari（2018），*Veiling in Fashion：Space and the Hijab in Minority Communities*，London：I.B. Tauris.

Clifford，Ruth（2018），"Learning to Weave for the Luxury Indian and Global Fashion Industries：the Handloom School in Maheshwar,"in *Clothing Cultures*，March，Volume 5，Issue 1，pp. 111-131.

Finamore，M. Tolini（2013），*Hollywood Before Glamour：Fashion in American Silent Film*，London：Palgrave Macmillan.

Ganeva，Mila（2018），*Film and Fashion amidst the Ruins of Berlin：*

From Nazism to the Cold War, NY：Camden House.

Kortsch，Christine Bayles（2016），*Dress Culture in Late Victorian Women's Fiction*，London：Routledge.

Rees-Roberts，Nick（2019），*Fashion Film：Art and Advertising in the Digital Age*，London，UK：Bloomsbury.

Sheehan，Elizabeth M.（2018），*Modernism a la Mode：Fashion and the Ends of Literature*，Cornell University Press.

WRITING UP

写起来

目标

● 学习最终写作过程的每一步

● 理解每种方法有不同的写法

● 认识研究论文的必要性和组成部分

● 认识参考文献的重要性

　　在完成数据收集之后，你就要开始撰写相关的研究论文或报告了。写作是一门需要技巧的手艺，这门手艺可以通过写作、编辑和反复重写得以提高。本章将向那些没有撰写研究论文经验的学生介绍写作的过程，以及论文的组成和写作顺序。虽然写作风格取决于你的读者，但最佳写作策略就是清晰简洁，并避免使用社科领域中不必要的行话

（jargon）。论文必须便于读者阅读和理解，因此你没必要使用晦涩的字眼。本章还会介绍撰写正式学术论文或报告时应遵循的基本准则。

你选择的研究方法决定了你的论文风格。例如，在一篇民族志论文中，你会写下观察到的东西，记录下人们的行为和言论。你的发现通常由具体的观察来说明，这些观察可以在你的现场笔记中进行总结。有时，你的现场笔记和访谈记录会被直接引用，有时它们会被合并到你的论文中。与你交谈的人以及你访问的地方和城市通常都是匿名的，你应该使用化名来避免读者产生预设或偏见。在量化研究中，研究结果通常还包括各种图表。

论文完成后，你可以将其分发给适当的受众以获得反馈，这可能对你未来的研究有帮助。

——— 研究论文的结构 ———

这里首先介绍一篇标准的社会科学报告应具备的章节和组成部分。论文的结构应有标题层级。一篇论文包括标题、摘要、前言、文献综述、研究方法、研究发现和结论。你的目标是以书面方式逻辑且连贯地回答你思考已久的问题。写作时不断回想你要回答的问题，这可以指导你确定哪些信息是用来说明你的观点的，哪些是无关的。在写作和修改论文的时候，你的头脑中要时刻记住关键问题，这样可以避免写作徘徊不前。

标题

标题通常出现在带有作者信息的题名页上，作者信息一般包括姓名、单位等。你需要拟一个好的标题。有些人在开始写论文之前就拟定了标题，有些人则在论文写好之后或在写作过程中拟定标题。你需要一个描述性的好标题来吸引读者。好的标题直击要害，并且能告诉读者关于研究的很多信息。为了使读者通过标题了解你的研究，标题中应包含与研究相关的关键词。通常的形式是，一个概括而全面的主标题加上一个对其进行描述的副标题，副标题应比主标题更具体、更聚焦研究主题。例如,《时尚身份：当代时尚中的地位矛盾》(*Fashioning Identity：Status Ambivalence in Contemporary Fashion*，Mackinney-Valentin 2018),《时尚电影：数字时代的艺术和广告》(*Fashion Film：Art and Advertising in the Digital Age*，Rees-Roberts 2019) 以及《裹脚的时尚：传统中国的民族、劳动和地位》(*Footbinding as Fashion：Ethnicity, Labor, and Status in Traditional China*)。

摘要

摘要是对论文或报告的简要描述或总结。它描述了你研究的难点 (problem) / 问题 (question) / 假设 (hypothesis)、方法、样本、结果和结论，摘要应只包含论文正文中讨论的想法或信息。摘要的位置位于论文开头,紧承标题。期刊论文一般必须包含摘要,而图书则不一定。写一篇简明而准确的摘要是很重要的，因为读者会根据摘要决定是否继续阅读这篇论文。如果你写的是课程论文，那么摘要可能就不是必需的部分了。

前言

前言包括基本研究问题、关键术语和研究重点。学术论文和报告的写作从前言开始，里面应有引用的参考文献。前言应说明为什么文中所提出的研究问题／假设是重要的和值得研究的，并对与研究主题相关的文献进行综述，解释你的研究与他人已发表的研究有何不同。在前言中，请务必说明你要采用的写作类型，例如是描述性报告、民族志报告还是调查统计分析。前言的结尾应描述你的特定研究目标或假设。前言的开头至关重要，如果写得有吸引力便能留住读者，否则就会失去读者。

文献综述

在第 2 章"研究过程"中我提到，对与研究主题相关的文献进行阅读和分析的过程就是文献综述。这是每个研究者在进行自己的研究之前都要经历的一个过程。文献综述是对与你论文研究对象相关的一般和特定主题的前人的研究进行全面的回顾。它应涵盖相关的经典文献，为了表明你的研究是新颖的，里面还应该包括最近的相关研究。对文献的综述越深入，论文的基础就越扎实。这就像与其他研究者进行对话一样，你可能想去挑战已被接受的观点或发现。没有文献综述，你的论文就不会被视作学术论文。切记，在学术论文中仅仅写你自己的研究是不够的。

研究设计与方法论

文献综述之后便是研究方法。这部分内容是研究者全面说明如何收集和分析数据。你要告诉读者，本研究是通过哪些步骤完成的，数据由哪些组成，如何收集数据和分析数据。论文的这部分还应对所采用的研究方法进行介绍。如果用的是历史研究法，要给出引文和文献来源。如果是问卷调查，要解释如何选择调查对象，有多少人回答了问卷，有多少人没有回答。如果收集了人口统计信息，也应在这部分说明描述。必须交代问卷调查是如何生成的，如果有试问卷（tryout），还要对其简要说明并对问题项加以分析。如果调查问卷以图表或附件的形式出现在论文中，则作者只用简要描述；否则便应对调查问卷进行详细的描述，至少应说明问卷每部分有多少问题及问题的形式，比如，问题是开放的还是封闭的。如果报告不能提供整个问卷调查表，那么可以提供部分内容作为示例。对问卷调查表何时以及如何分发、收集或回收，也需要进行说明。如果涉及获取知情同意，还必须在这部分内容中提及这一事实（见第 2 章"研究过程"中的机构审查委员）。

虽然许多研究者要么略掉这部分，要么写得非常简短，但是，清晰地说明研究方法和研究过程是非常重要的。这些内容需要写得具体而明晰，其目的是让任何有兴趣使用同样方法的人可以重复该项研究。要明确解释你的研究对象是哪些人，你是如何选择的，你在研究中用了多少人，又有多少人拒绝了你的要求，他们是怎样得知你的研究的。然后，你要明确数据的性质并解释如何收集数据。对数据收集过程进行解释的目的是使读者（如果他们愿意的话）能复制该研究。如果这是一项民族志研究，那么研究环境的描述是重要的。对于量化研究，你必须清楚地指出原始数据来自何处。

发现，结果与分析

这部分内容是介绍研究过程中信息的发现。数据就是发现（findings），对数据的解释 / 分析就是结果（results）。量化研究和质性研究有不同的方法展示结果。在量化研究的论文中，发现与结果是相同的，发现以图表的形式呈现数据的百分比或比例，如第 4 章"调查方法"中所讨论的。但质性研究从数据得到的发现和结果通常是分开的，并且有几种处理方式。发现或结果这部分不太容易解释清楚。例如，在质性研究论文中，分析这部分内容通常接在研究方法内容之后，有时候在整个分析过程中都会对数据进行呈现以便演示和记录各种模式和观测结果。质性研究论文的章节通常根据在研究期间拟定的概念副标题来组织架构。

讨论，启示与结论

论文的讨论部分是重申和阐述研究结果怎样与现有相关文献联系，包括要点与建议。你必须记住，没有一项研究是完美的、绝对的或完整的，所以，你可以就发现的不足或研究方法的局限性展开讨论。每个学者或研究者都在做贡献。如果其他研究者认为你的研究有价值、有意义，便会在他们的研究中参考你的研究成果。当一项研究完成后，研究者会意识到他们已经获得了关于被研究对象更多的知识和洞察力，同时，也明白了哪些是需要进一步研究的。

参考文献，书目和注释

撰写研究论文时，你必须遵守一套针对文档的正式约定。对于文本分析，通常只用在第一次引用时指出该文本的发布日期就足够了。在这之后的引用只需注明作者姓氏与页码。当所提及的观点或论点是从整个文本中归纳得出时，你应该注明作者的姓名。

研究中引用材料的方式有两种：注释（notes）和引用原始资料（source reference）。在社会科学中，引用原始资料常用于记录文本中的陈述，注释通常是对文本作出进一步解释而不是引用资料。引用原始资料的标识通常包括被引用作者的姓氏、发布日期、直接引用的内容、引文出现的页码等。你在论文中引用的所有作品都必须在参考文献中列出。论文或书末的参考文献列表是为了让读者知道你是否对专业领域的经典和最新成果有所了解。通过查看参考文献列表，读者可以看到你的研究方向。

不同的学科有各自不同的写作格式指南，如美国心理学协会格式（APA），现代语言协会格式（MLA），芝加哥格式（CMS），哈佛、哥伦比亚在线格式指南（CGOS），国际生物学编辑委员会格式（CBE）。社会科学出版物和历史学期刊中使用的格式是 CMS 和 APA，它们也适用于时尚 / 服饰研究。每种格式都包含对在线资源引用的规定。请参阅手册和参考资料，如《MLA 手册》（*MLA Handbook*，2016）、《电子文献的 APA 格式》（*APA Style Guide to Electronic References*，2012）和《芝加哥格式手册》（*The Chicago Manual Style*，2017）。

论文的推广

就像设计师设计的服装生产制作后成为时装，作为时尚传播，你的研究一旦完成，也要通过学术会议或尽可能作为出版物进行传播。如果你是一名学生，你会花相当多的时间甚至好几周来写论文，所以你会想把你的研究成果向公众和那些可能对你的研究问题以及你的研究发现感兴趣的人公开。类似地，做研究通常也是为了完成硕士学位论文或博士学位论文。

结语

当你收集完数据后，你就该坐下来撰写论文或著作，让别人可以读到你的研究。有些基本组成部分是任何研究论文都必备的，所以请确保你的论文有相应的内容。你的论文应有可读性，同时还要包含参考文献。

扩展阅读

Coyle，William，and Joe Law（2012），*Research Papers*，Englewood Cliffs，NJ：Longman.

Goldenberg，Phyllis（2010），*Writing a Research Paper：A Step-by-*

Step Approach，New York：William H. Sadlier.

Hempel，Susanne（2019），*Conducting Your Literature Review*，American Psychological Association.

Lester，Jim D.，and James D. Lester（2014），*Writing Research Papers*，Englewood Cliffs，NJ：Longman.

Stebbins，Robert Alan（2001），*Exploratory Research in the Social Sciences：Qualitative Research Methods*，London：Sage.

结论：未来时尚／服饰研究的
机遇与方向

目标

- 探索未来时尚／服饰研究的机遇
- 认识时尚在后现代时期的角色和地位
- 再次检验作为西方／非西方概念的时尚
- 理解研究主题多样化的重要性

时尚是商业领域中的一个庞大产业，其消费者，尤其是女性消费者，总的来说都非常喜欢服装（clothes）并享受购买服装的过程。百货公司和专卖店里的各种服装周期性的变化永远吸引着我们。每一季都有新款式和设计推出，从而能让我们更新自己的衣橱。时尚围绕着我们，但时尚／服饰研究需要我们从学术的角度来看待。学者也是时尚的消费者，但不能因为学者和行业从业者之间好像没有重叠就把二者当作两个独立的群体。双方可以彼此相互学习，从而弥合二者之间的差距。

本书前面已经谈到，时尚研究不是学术界的主流，尚处于学术讨论的边缘地带。我们需要让时尚研究在学术界获得认可并取得地位，这对于那些希望将时尚／服饰作为研究主题的学者来说，有机会获得更多的资金支助。因此，提升这一话题在学术界的重要性，引发学术界的兴趣是时尚／服饰学者的责任。我们要确保时尚／服饰研究能持续繁荣，能获得更多的研究资助机会。

此外，我们生活在一个被称为后现代社会（postmodern society）的历史新阶段，每一种观念和现象都在经历后现代转向。时尚是一种现代现象，但也可以从后现代的角度来分析。时尚通常被认为是一个西方的概念，但在当今的后现代时代，这个概念应当被重新审视。

———— 后现代时期的时尚 ————

到处都有文化动荡的迹象。一场广泛的社会和文化转变正在发生，"后现代"这个概念至少抓住了这种转变的某些方面。从现代性（modernity）向后现代性（postmodernity）的过渡是不同社会群体之间的社会关系、政治关系和文化关系变化的结果。现代性假定不同类型的审美和风格创作之间存在明显的区别，而后现代性则不再承认这些分类是合规的，甚至是必要的。时尚强调形象和不断变化，这是后现代主义文化形态的缩影。后现代性关注模糊和矛盾，难以描述。它没有固定的含义，往往具有多重含义，并且这些含义是不稳定的、矛盾的且不断变化的。后现代现象的主要特征之一是界限和类别的消解。任何曾经被归类为群体的东西都逐渐变得毫无意义。

因此，时尚 / 服饰学者需要稍微转移他们的注意力以便对时尚做出后现代的解释，这与对服装分类（如男装 / 女装、高级时尚 / 流行时尚、外套 / 内衣等）开始逐渐淡化以来，人们对时尚做出的现代解释不同。着装体系的规则变得很灵活。当今工业化国家的年轻人已不再遵循传统的着装惯例，这些惯例告诉人们衣服应该是什么样子，应该怎样制作，应该怎么穿搭。后现代消费者极具创造力，因此，过去设计师、造型师等时尚专业人士和消费者之间的清晰界限变得很模糊。作为研究者，我们要意识到时尚界的这些变化。

没有人能比 Crane 更好地解释后现代社会中时尚的含义，他认为我们看到了从阶级时尚（class fashion）到消费者时尚（consumer fashion）的转变（2000），在西方社会尤其如此。在后现代文化中，消费被概念化为角色扮演的一种形式，因为消费者试图投射出不断演变的身份概念。在当代西方社会，社会阶层在个人的自我形象和社会认同中的地位和作用和以往相比，变得越发地不明显和不重要。由于同一社会阶层内部和不同社会阶层之间存在大量的流动性，风格的差异已无法用来区分社会阶层。

过去建立在经济和政治基础上的社会认同，如今建立在二者之外的其他领域之上。Crane（2000：11）认为："时尚服饰等文化产品的消费在个人身份构建中发挥着越来越重要的作用，对物质需求的满足和对上层阶级的模仿变成次要的了。"一个人的着装风格传达了一种最初的、持续的、令人印象深刻的形象。当代社会中各种各样的生活方式将个人从传统中解放出来，使其能够做出选择，创造有意义的自我认同（Giddens 2018）。

我们需要关注的是时尚 / 服饰所处的环境而不是内容，即衣服（clothing）本身。因此，衣服实物的重要性不如用来销售它们的橱窗，因为正是这些橱窗被用以销售特许商品（licensed products）（Crane 2000：15）。消费者不再被视为模仿时尚领袖的"文化吸毒者"（cultural dopes）或"时尚受害者"（fashion victims），而被视作根据自己的身份和生活方式来选择风格的个体。后现代消费者成为时尚的积极生产者。在后现代思想中，每个个体都被视为独特的存在，故此风格便是个体身份的反映。时尚成为一种选择而不是一种要求。消费者期待从各种选择中"构建"个性化的外观。根据多种来源获取的资料显示，服装款式对于不同的社会群体有着不同的含义。

Davis（1992）指出，时尚表达了个人身份。在后现代时代，个体具有多重身份，扮演着不同的角色，因此，他们从众多的形象和风格中选择自己的身份。按总体进行分类和分组的传统方式，如阶级、性别、种族和地域，正逐渐被个体和个人消费者身份所取代。后现代社会的成员表现出一种支离破碎的、异质的和个人主义的风格认同（Muggleton 2000）。

——— 作为全球概念的时尚 ———

从 16 世纪末开始，欧洲社会就收集了西方文化以外的服装，将其作为异国神秘民族存在的视觉证据。Taylor（2004：67）解释说，到 19

世纪末，对服装和身体装饰品的收集与审视进入了人类学这一新兴学术学科，它们被当作类似工具或武器一样的文物。但时至今日，关于民族服饰的研究和博物馆收藏仍数量有限。

虽然 Cannon（1998）认为时尚在其他传统文化中也能见到，但人们仍认为这是一个西方的概念和现象。一些古典理论家，如 J. C. Flugel（1930）和 Ferdinand Toennies（1961［1909］），认为时尚起源于西方，是西方的产物。Toennies 解释了在简单社会中发现的固定服装和复杂社会中的时髦服装之间的差异，认为变化的服装往往只存在于西方文化中（1961［1909］）。这种说法似乎证实了时尚最初诞生于西方的想法。

自 1980 年代以来，这个观点一直有着很大争议（Cannon 1998；Craik 1994）。一些人认为，即使在民族服饰中，比如日本和服或印度纱丽，也能发现时尚，这取决于如何去定义时尚。一旦我们能够提出一个关于时尚的明确定义，我们就能将其应用到非西方的时尚 / 服饰研究中。

在欧美学者对服装的研究中，西方的时尚 / 服饰享有特权地位（Baizerman, Eicher and Cerny 2014：123）。他们不太重视非西方文化的民族服饰。我们需要在服饰和时尚研究方面更加重视文化的多元化和多元的文化，对民族时尚 / 服饰进行更深入的研究，从而获得事实和证据，得出令人信服的结论。民族服饰的研究往往是民族志学，会消耗大量的时间和金钱。此外，欧美博物馆需要收集和保存民族服饰，使之能用于物质文化研究。

Baizerman, Eicher 和 Cerny（2014）认为，过往对服饰的研究是从欧洲中心的角度展开的。在描绘欧洲以外的服饰时，人们采用的是欧洲的美学标准。他们认为这是"社会达尔文主义"。达尔文的进化论为欧美人的殖民观点提供了正当性。服饰被吹捧为文明存在状态和文化优越性的一种表现，这种优越性的判定依据则是经济发达程度和全球主导地位。修改殖民地的服饰使之符合西方的审美的做法被视为一种扩展文明的方式（Baizerman, Eicher and Cerny 2014：124）。

　　本书"前言"中讨论过，在术语的使用中也存在欧洲中心的假设。Baizerman, Eicher 和 Cerny（2014）也尝试提出了指代非西方服装的术语。他们最终提出的术语要么是"地区性服装"，要么是"民族服饰"。他们的研究让我们明白了使用正确或适当的术语的重要意义，以及理解这些术语中包含的文化偏爱和文化偏见的重要性，这能使他们的研究结论尽可能客观。对研究者来说，一开始就从研究术语和概念的定义入手是明智的做法，这样可以确保我们能准确地理解它们。

　　近十年来，西方学者对时尚的看法正在慢慢改变，做出了许多尝试，以提高人们对"时尚全球化"的认识。2009 年 11 月，在波茨坦大学举行了名为"文化转移：时尚中的东方主义与西方主义"（Cultural Transfer：Orientalism and Occidentalism in Fashion）的研讨会，时尚服饰学者就东西方在时尚界的融合、东方对西方时尚的影响等问题提交了论文。2019 年，在日本文化学园大学（Bunka Gakuen University）举办了名为"时尚全球化的思考与反思"（(Re) thinking Fashion Globalization）的研讨会。Craik 和 Jansen 编辑《构建国家时尚认同》（*Constructing National Fashion Identities*）的期刊特刊（2015），汇编了柬埔寨、加纳、中国和非洲各国的时尚论文。为了让时尚 / 服饰学者认识到时尚不是或不仅仅是西方的想法或现象，需要举办组织更多的学术会议、研讨会和撰写学术论文。此外，我们需要邀请更多的小众学者（minority scholars），与他们合作并聆听他们的声音。

平等主义举动：增加研究主题的多样性

在当今多元文化和多元社会中，人们在迁移流动中保持着原有的服饰。我们这些在西方生活和工作的人必须了解服饰所代表的社会文化含义，以便我们能够消除与服饰相关的错误观念和误解。因此，作为学者，我们迫切需要对非西方传统的、存在政治融合或争议的服饰进行深入的学术研究。越来越多的学者把目光投向了民族和非西方的着装风格和时尚。Shukla 指出：

> 我们不仅要审视那些由强大、富有和著名组成的怪异集合，还需要审视和理解人类全部经验的共同性。这种平等主义的举动将把我们推向一个包罗万象的社会。当我们记录许多——男人和女人、穷人和富人、本地人和外国人——的服装时，我们可以理解人们如何展示他们不断变化的身体和不断变化的愿望。（Shukla 2015b：60-61）

自本书 2011 年首次出版以来，我们看到关于穆斯林服饰和头巾的研究激增，比如，《虔诚的时尚：穆斯林妇女如何着装》（*Pious Fashion：How Muslim Women Dress*，Bucar 2017），《面纱背后：欧洲面纱法的批判性分析》（*Behind the Veil：A Critical Analysis of European Veiling Laws*，Cox 2019），以及《时尚中的面纱：少数族裔社区里的空间与穆斯林头巾》(Veiling in Fashion：Space and the Hijab in Minority Communities, Almila 2018)。此外, 还有一些研究明确反对戴头巾, 如《伊斯兰性别种族隔离: 揭露一场针对妇女的蒙面战争》(Islamic Gender Apartheid：Exposing a Veiled War Against Women, Chesler 2017)、《法国和土耳其的世俗主义重新流行: 头巾禁令》(Refashioning Secularisms in France and Turkey：The Case of the Headscarf Ban, Barras 2014) 和《横扫欧洲的罩袍事件: 公共和私人空间之间》(The Burqa Affair Across Europe：Between Public and Private Space, Ferrari and Patorelli 2016)。这些关于穆斯林服饰的学术研究有助于提高人们对这些经常被误解和污名化的服饰的认识。

其他与非西方服饰相关的研究包括:《和服的社会生活》(The Social Life of Kimono, Cliffe 2017),《解放线: 黑人妇女, 风格和全球灵魂政治》(Liberated Threads：Black Women, Style, and the Global Politics of Soul, Ford 2017),《时尚巴西》(Fashioning Brazil, Kutesko 2018) 和《当代印尼时尚》(Contemporary Indonesian Fashion, Royo 2019), 等等。此外, 研究的主题越来越收窄, 更聚焦于特定领域, 例如关于特定亚文化、独特的男装风格或特定地区的阶层, 这也使得这些领域的研究成果非常丰富和深入。相关研究有:《类型角色扮演: 装扮想象》(Costuming Cosplay：Dressing the Imagination, Winge 2018),《孔雀革命: 六七十年代美国男性身份和礼服》(Peacock Revolution：American Masculine Identity and Dress in the Sixties and Seventies, Hill 2018),《维多利亚时期英格兰的服装与风景: 工人阶级和乡村生活》(Clothing and Landscape in Victorian England：Working-Class Dress and

Rural Life，Worth 2019）。还有学者选择富人和穷人这一对群体，研究他们的口味偏好等，比如，《从善意到时尚：关于二手风格和另类经济的历史》（*From Goodwill to Grunge：A History of Secondhand Styles and Alternative Economies*，Zotte 2017），《奢华的历史》（*Luxury：A Rich History*，McNeil and Riello 2016）。

此外，根据时下正在展开的、对传统性别观念的重新定义和对性别矛盾和性别转变的思考等主题的学术讨论，我们看到了来自不同学科的相关学术研究成果，如《因穿着而被捕：变装法和 19 世纪旧金山的魅力》（*Arresting Dress：Cross-Dressing Law，and Fascination in Nineteenth-Century San Francisco*，Sears 2014），《时尚身份：当代时尚中的地位矛盾》（*Fashioning Identity：Status Ambivalence in Contemporary Fashion*，Mackinney-Valentin 2018）和《重塑美国前沿的过去》（*Re-Dressing America's Frontier Past*，Boag 2011）。这些研究证实，服饰在历史上一直是并将继续是性别的重要标志，我们的社会一直与性别表达和服饰进行着对话。

时尚 / 服饰研究的发展不仅方向正确且前景非常乐观。时尚 / 服饰研究不仅超越了学科界限，而且超越了如性别、阶级、种族和种族等许多现有的社会界限。

——— 结语 ———

近年来兴起的时尚 / 服饰研究为学者们提供了大量的研究机会和方向。随着时代的变化，反映社会当前意识形态的时尚也在不断变化。

时尚／服饰学者需要与同事和学生进行更多的对话，以探讨时尚在哪里存在、如何以及向谁教授时尚／服饰理论。大学、学术出版商、会议组织者和赞助商等学术机构正开始合作，一起使时尚／服饰研究成为一个符合学术规范且受人尊敬的研究领域。

扩展阅读

Begum, Lipi, Rohit K. Dasgupta, and Reina Lewis（eds.）（2018），*Styling South Asian Youth Cultures*：*Fashion*，*Media*，*and Society*，London：I.B. Tauris.

Chess，Simone（2018），*Male-to-Female Crossdressing in Early Modern English Literature*，London：Routledge.

Heijin, Lee S., Christina H. Moon, and Thuy Linh Nguyen Tu（eds.）（2019），*Fashion and Beauty in the Time of Asia*，NY：NYU Press.

Renne，Elisha（2018），*Veils*，*Turbans and Islamic Reform in Northern Nigeria*，Indiana University Press.

Rodger，Gillian M.（2018），*Just One of the Boys*：*Female-to-Female Cross-Dressing on the American Variety Stage*，Chicago，IL：University of Illinois Press.

Thompson，Cheryl（2019），*Beauty in a Box*：*Detangling the Roots of Canada's Black Beauty Culture*，Ontario，Canada：Wilfrid Laurier University Press.

Welborne，Bozena C.，Aubrey L. Westfall，Özge Çelik Russell，

and Sarah A. Tobin（2018），*The Politics of the Headscarf in the United States*，Ithaca，NY：Cornell University Press.

Welters，Linda，and Abby Lillethun（2018），*Fashion History：A Global View*，London：Bloomsbury.

NOTES

注释

前言

1 在本书中，我将"时尚"（fashion）与"服饰"（dress）并列，这是因为我既讲了关于时尚的研究又讲了关于服饰的研究，包括了客观存在的衣服以及任何与装饰相关的物品和做法。

2 《时尚基础：关于时尚与服饰的早期作品》（*Fashion Foundations：Early Writings on Fashion and Dress*，2003）的作者是 Kim K. P. Johnson，Susan J. Torntore，and Joanne B. Eicher，该书对于按时间顺序理解与时尚 / 服饰相关的研究很有帮助。这本书摘录了 1575 年至 1940 年服装历史学家、经济学家、心理学家、社会学家、女权主义者和社会活动家的著作。

3 Michael Carter 的《从卡莱尔到巴特的时尚经典》（*Fashion Classics from Carlyle to Barthes*，2003）一书概述了 8 位经典时尚理论家的著作：Thomas Carlyle，J. C. Flugel，Thornstein Veblen，Georg Simmel，Herbert Spencer，A. L. Kroeber，James Laver 和 Roland Barthes。他们奠定了当代服饰和时尚的概念、理论理解和解释的基础，并对其产生了影响。我还认为 William Graham Sumner，Ferdinand Toennies 和 Gabriel Tarde 也都对时尚 / 服饰研究做出了理论贡献。

4 如果你想进一步探究上述每一位古典理论家，强烈建议你阅读本书
参考书目中所列出的他们的原著。

第 1 章

1 理论概括和刻板印象（sterotyping）之间有着明显的区别。学生们
经常把社会科学理论误认为是刻板印象。社会科学是建立在坚实的
研究基础上的，它挑战人们的错误假设和想当然的成见。刻板印象
只是从一个人的臆断和猜测中产生的，它往往源于某人的个人经历
的偏见和偏差。

2 这些人是芝加哥学派的第一批成员，该学派的研究者专门利用民族
志方法研究城市社会学。他们以发展了符号互动主义方法而闻名。
该理论的基本前提是人的行为受社会结构和物理环境因素的影响。

第 2 章

1 现象学是 20 世纪初由德国学者埃德蒙德·胡塞尔（Edmund
Husserl，1859—1938）创立的一门哲学。这也是一种研究方法，
其前提是现实由人类意识中感知到的对象和事件组成。它强调第一
人称观点和主体性。详见 Robert Sokolowski 所著的《现象学导论》
（*Introduction to Phenomenology*，1999）。

2 认识论研究知识的性质、起源和边界。

3 由于研究者与其选择的研究主题之间有很强的联系，因此许多人以
为我是巴黎的日本设计师的粉丝。很不幸，但同时也很幸运的是，
这不是真的。作为研究者我感兴趣的是他们的作品，而不是穿他们

设计的衣服。

4 更多详细的说明参见第 4 章"调查方法"。概率抽样和非概率抽样的一个主要区别是，前者涉及随机抽样。更多相关内容见 Steven K.Thompson 的《抽样》(*Sampling*，2012)。

第 3 章

1 诠释学是解释的理论。在社会学中，它特指通过分析参与者及其文化的含义来解释社会事件。需要关注的不仅是人们的社会行为，还有它所处的语境。

2 1919 年，Alfred Kroeber 测量了时装图样中女性服装的插图，这些插图是对女性服装风格的理想化描述。爱德华·萨皮尔（Edward Sapir）写了一篇关于"时尚"的文章，鲁思·本尼迪克特（Ruth Benedict）1931 年为《社会科学百科全书》(*The Encyclopedia of the Social Sciences*) 写了一篇关于"着装"的文章。

3 赫伯特·布鲁默（Herbert Blumer）1969 年在《社会学季刊》(*The Sociological Quarterly*) 上发表了一篇重要文章，题为"时尚：从阶级分化到集体选择"(Fashion : From Class Differentiation to Collective Selection)。

4 后现代性或后现代状态是现代性之后的一种社会状态，有时被称为"晚期资本主义"。有学者认为现代性结束于 20 世纪末，然后被后现代所取代。后现代现象的特征之一是传统壁垒的瓦解。更多内容见 Jean-François Lyotard 所著的《后现代状态》(*The Postmodern Condition*，1984)。

5 "霍桑效应"一词出自一家制造工厂。研究者在那里进行了一项研究，看看工人工作的房间黑暗或明亮是否对他们的生产力水平有影响。结果表明，生产力水平的提高并不是来自环境条件，而是研究者对工人的兴趣。研究结束后，同一群工人的生产力水平却下降了，所以研究者知道研究者在场可以改变人们的行为。

第4章

1 试点研究是在进行实际研究之前进行的初步研究和分析，以评估研究的可行性。它可预先测试研究工具，如问卷或访谈计划。

2 伦西斯·李克特（Rensis Likert，1903—1981），美国社会科学家，设计出了李克特量表，用于对问卷中给定陈述的同意或不同意程度进行判定。

3 有许多图形软件可用于绘制图形。如果你的电脑上安装了 Microsoft Office，你可以使用 Microsoft Excel 绘制图表。

4 如需了解更多内容，请参阅 Diana Crane 所著的《时尚及其社会议程：阶级、性别和服装身份》（*Fashion and its Social Agendas：Class, Gender, and Identity in Clothing*，2000）一书中的"附录 2：访谈计划；焦点小组的调查问卷计划"。还可以参阅 Paul Hodkinson 关于哥特亚文化的研究（2002），这是另一项使用问卷调查的研究。在 1997 年 10 月的惠特比哥特节，发放了自填写式问卷。为了从更广泛的哥特爱好者那里获得多选答案和简短评论，Hodkinson 使用了 112 份问卷作为样本，据作者说，这个样本不够大，无法做出任何归纳总结。因此，相对于其他方法，问卷数据被视为次要数据。量化问卷结果可在"附录：量化问卷结果"（pp. 199-202）中找到。

第 5 章

1 严格地说，符号学的两种表达，semiotics 和 semiology 之间是有区别的，但本书的目的并不是要细究这些差异。查尔斯·桑德斯·皮尔斯（Charles Sanders Peirce，1839—1914）首先创造了"符号学"（semiotics）一词，并将符号视为人类行为持续过程的一部分。但是费尔迪南·索绪尔（1857—1913）对符号学这门社会科学的学科做出了重大贡献。

2 索绪尔和巴特的原始出版物的英文翻译对本科生来说太复杂了，所以在处理原文之前，你应该先阅读一些介绍符号学的书籍。推荐阿瑟·阿萨·伯格（Arthur Asa Berger）所著的《当代文化中的符号：符号学导论》（*Signs in Contemporary Culture：An Introduction to Semiotics*，1998）以及格雷厄姆·艾伦（Graham Allen）所著的《导读巴特》（*Roland Barthes*，2003）。[1]

---

[1] 本书中译名为《导读巴特》，由重庆大学出版社于 2015 年出版。——译者注

参考文献

Adams, Sophia (2017), "Personal Objects and Personal Identity in the Iron Age: the Case of the Earliest Brooches," in *Dress and Society: Contributions from Archaeology*, edited by Toby F. Martin, and Rosie Weetch, pp. 48–68, Havertown, PA: Oxbow Books.

Adler and Adler (1998), "Observational Techniques" in *Collecting and Interpreting Qualitative Materials*, edited by Norman Denzin and Yvonne Lincoln, pp. 79–109, Thousand Oaks, CA: Sage.

Allen, Graham (2003), *Roland Barthes*, London: Routledge.

Almila, Anna-Mari (2018), *Veiling in Fashion: Space and the Hijab in Minority Communities*, London: I.B. Tauris.

American Psychological Association (2012), *APA Style Guide to Electronic References*, Kindle Edition.

Antick, Paul (2002), "Bloody Jumpers: Benetton and the Mechanics of Cultural Exclusion" in Special Issue: Fashion and Photography, edited by Carol Tullock, *Fashion Theory: The Journal of Dress, Body, and Culture*, Volume 6, Issue 1, pp. 83–110.

Arnold, Janet (1977), *Pattern of Fashion: Englishwomen's Dresses and Their Construction*, London: Drama Publishing.

Aspers, Patrik (2001), *Markets in Fashion: A Phenomenological Approach*, Stockholm, Sweden: City University Press.

Babbie, Earl (2015), *The Practice of Social Research*, Belmont, CA: Wadsworth Publishing.

Baddeley, Gavin (2002), *Goth Chic: A Connoisseur's Guide to Dark Culture*, edited by Paul A. Woods, London: Plexus Publishing.

Baizerman, Suzanne, Joanne B. Eicher, and Catherine Cerny (2014), "Eurocentrism in the Study of Ethnic Dress," in Joanne B. Eicher, Sandra Lee Evenson, and Hazel A. Lutz (eds.), *The Visible Self: Global Perspectives on Dress, Culture, and Society*, pp. 123–32, NY: Fairchild Publications.

Barbour, Rosaline (2018), *Doing Focus Groups*, 2nd edition, London, UK: Sage.

Barnard, Malcolm (1996), *Fashion as Communication*, London: Routledge.

Barnard, Malcolm (2007a), "Introduction," in Malcolm Barnard (ed.), *Fashion Theory: A Reader*, pp. 1–14, London: Routledge.

Barnard, Malcolm (ed.) (2007b), *Fashion Theory: A Reader*, London: Routledge.

Barnard, Malclolm, (2014), *Fashion Theory: An Introduction*, London, UK: Routledge.

Barras, Amelie (2014), *Refashioning Secularisms in France and Turkey: the Case of the Headscarf Ban*, London: Routledge.

Barry, Ben (2018), "(Re) Fashioning Masculinity: Social Identity and Context in Men's Hybrid Masculinities through Dress" in Gender and Society, May, Volume 32, Issue 5, pp. 638–662, London: Sage.

Barthes, Roland (1972), *Mythologies*, trans. Annette Lavers, NY: Farrar, Straus and Giroux.

Barthes, Roland (1977), *Elements of Semiology*, trans. Annette Lavers and Colin Smith, NY: Hill and Wang.

Barthes, Roland (1990), *The Fashion System*, trans. Matthew Ward and Richard Howard, Berkeley: University of California Press.

Barthes, Roland (2006), *The Language of Fashion*, Oxford, UK: Berg.

Bass-Krueger, Maude, and Sophie Kurkdjian (2018), "The State of Fashion Studies in France: Past, Present, and Future," *The International Journal of Fashion Studies*, Volume 5, Issue 1, pp. 227–244.

Baudrillard, Jean (1972), *For a Critique of the Political Economy of the Sign*, trans. Charles Levin, St. Louis, MO: Telos Press.

Begum, Lipi, Rohit K. Dasgupta, and Reina Lewis (eds.) (2018), *Styling South Asian Youth Cultures: Fashion, Media and Society*, London: I.B. Tauris.

Benedict, Ruth (1931), "Dress," *Encyclopedia of the Social Sciences*, Volume 5, pp. 235–237, London: Macmillan.

Berger, Arthur Asa (2017), *Reading Matter: Multidisciplinary Perspectives on Material Culture*, New Brunswick, NJ: Transaction Publishers.

Berger, Arthur Asa (2014), *Signs in Contemporary Culture: An Introduction to Semiotics*, Salem, WI: Sheffield Publishing.

Berger, Peter L., and Thomas Luckmann (1966), *The Social Construction of Reality*, NY: Anchor Books.

Biddle-Perry, G. (2005), "'Bury Me in Purple Lurex': Promoting a New Dynamic between Fashion and Oral History," *Oral History Society*, Volume 33, Issue, 1, pp. 88–92.

Blokdyk, Gerardus (2018), *Institutional Review Board*, third edition, NY: 5starcooks.

Blum, Stella (1973), *Victorian Fashions and Costumes from Harper's Bazar, 1867–1898*, NY: Dover Publications.

Blum, Stella (1976) Designs by Erté: Fashion Drawings and Illustrations from "Harper's Bazar," NY: Dover Publications.

Blum, Stella (1981), *Everyday Fashions of the Twenties: As Pictured in Sears and Other Catalogs*, NY: Dover Publications.

Blum, Stella (1986), *Everyday Fashions of the Thirties as Pictured in Sears Catalogs*, NY: Dover Publications.

Blumer, Herbert (1969a), "Fashion: From Class Differentiation to Collective Selection," *The Sociological Quarterly*, Volume 10, Issue 3, pp. 275–291.

Blumer, Herbert (1969b), *Symbolic Interactionism: Perspective and Method*, Englewood Cliffs, NJ: Prentice-Hall.

Boag, Peter (2011), *Re-Dressing America's Frontier Past*, Berkeley, CA: University of California Press.

Boas, Franz (2014[1920]), *The Methods of Ethnology*, Plano, TX: Angel Press.

Boellstorff Tom, Bonnie Nardi, Celia Pearce, and T.L. Taylor (eds.) (2012), *Ethnography in Virtual Worlds: A Handbook of Method*. Princeton, NJ: Princeton University Press.

Bogardus, E. S. (1924), "Social Psychology of Fads," *Journal of Applied Sociology*, Number 8, pp. 239–243.

Bordens, Kenneth, and Bruce Barrington Abbott (2017), *Research Design and Methods: A Process Approach*, NY: McGraw-Hill.

Boucher, François (1987 [1967]), *20,000 Years of Fashion: The History of Costume and Personal Adornment*, NY: Harry N. Abrams.

Brandenburgh, Chrystel Richarda (2016), *Clothes Make the Man: Early Medieval Textiles from the Netherlands*, Leiden, NL: Leiden University Press.

Bratich, Jack (2017), "Observation in a Surveilled World" in Norman Denzin and Yvonna Lincoln (eds.), *Collecting and Interpreting Qualitative Materials*, 5th edition, pp. 526–45, Thousand Oaks, CA: Sage.

Brenninkmeyer, Ingrid (1963), *The Sociology of Fashion*, Köln-Oplanden, Germany: West-deutscher Verlag.

Breward, Christopher (1995), The Culture of Fashion: A New History of Fashionable Dress, Manchester, UK: Manchester University Press.

Brinkmann, Svend, and Steinar Kvale (2014), *InterViews: Learning the Craft of Qualitative Research Interviewing*, London, UK: Sage.

Brown, Marie Grace (2017), Khartoum at Night: Fashion and Body Politics in Imperial Sudan, Stanford University Press.

Bucar, Elizabeth (2017), *Pious Fashion: How Muslim Women Dress*, Cambridge, MA: Harvard University Press.

Buck, Anne (1983), "Clothes in Fact and Fiction 1825–1865," in *Costume*, Number 17, pp. 89–104.

Buckridge, Steve O. (2018), *African Lace-bark in the Caribbean: The Construction of Race, Class, and Gender*, London: Bloomsbury.

Buzzi, Stella, and Gibson, Pamela Church (eds.) (2013), *Fashion Cultures Revisited: Theories, Explorations, Analysis*, London: Routledge.

Campbell, Donald (1956), *Leadership and Its Effects upon the Group*, Columbus: Ohio State University Press.

Cannon, Aubrey (1998), "The Cultural and Historical Contexts of Fashion," in Sandra Niessen and Anne Bryden (eds.), *Consuming Fashion: Adorning the Transnational Body*, pp. 23–38, Oxford: Berg.

Carlyle, Thomas (2008 [1831]), *Sartor Resartus*, Oxford: Oxford University Press.

Carter, Michael (2003), *Fashion Classics from Carlyle to Barthes*, Oxford: Berg.

Chen, Tina Mai (2005, June), "Dressing for the Party: Clothing, Citizenship and Gender Formation in Mao's China," in Valerie Steele (ed.), *Fashion Theory: The Journal of Dress, Body and Culture*, Volume 5, Issue, 2, pp. 143–171.

Chesler, Phyllis (2017), *Islamic Gender Apartheid: Exposing a Veiled War Against Women*. London: New English Review Press.

Chess, Simone (2018), *Male-to-Female Crossdressing in Early Modern English Literature: Gender, Performance, and Queer Relations*, London: Routledge.

Choi, Jin Woo (Jimmy), and Minjeong Kim (2019) "Sneakerhead Brand Community Netnopgrahy: An Exploratory Research," in *Fashion, Style, and Popular Culture*, Volume 6, Issue 2, pp. 141–158, London: Intellect.

Clandinin, D. Jean, and Michael Connelly (2000), *Narrative Inquiry: Experience and Story in Qualitative Research*, San Francisco: Jossey-Bass.

Clandinin, D. Jean (2013), *Engaging in Narrative Inquiry*, London: Routledge.

Clark, Hazel (1999), "The Cheung Sam: Issues of Fashion and Cultural Identity," in Valerie Steele and John Major (eds.), *China Chic: East Meets West*, pp. 155–165, New Haven, CT: Yale University Press.

Cliffe, Sheila (2017), *The Social Life of Kimono*, London: Bloomsbury.

Clifford, Ruth (2018), "Learning to Weave for the Luxury Indian and Global Fashion Industries: the Handloom School in Maheshwar," in *Clothing Cultures*, March, Volume 5, Issue 1, pp.111–131.

Cohen, Noam (August 24, 2009), "Wikipedia to Limit Changes to Articles on People," *The New York Times*, p. B1.

Collins, Randall (1988), *Theoretical Sociology*, San Diego, CA: Harcourt Brace Jovanovich.

Coyle, William, and Joe Law (2012), *Research Papers*, Englewood Cliffs, NJ: Longman.

Cox, Neville (2019), *Behind the Veil: A Critical Analysis of European Veiling Laws*, Edward Elgar Publication.

Craciun, Magdalena (2014), *Material Culture and Authenticity: Fake Branded Fashion in Europe*, London: Bloomsbury.

Craik, Jennifer, and M. Angela Jansen (eds.) (2015), "Special Issue: Constructing National Fashion Identities," in *the International Journal of Fashion Studies*, Volume 2, Number 1.

Craik, Jennifer (1994), *The Face of Fashion*, London: Routledge.

Craik, Jennifer (2018), "Exotic Narratives in Fashion," in *Modern Fashion Traditions*, pp. 97–119, London: Bloomsbury.

Crane, Diana (2000), *Fashion and Its Social Agendas: Class, Gender, and Identity in Clothing*, Chicago, IL: University of Chicago Press.

Creswell, John W. and J. David Creswell (2018), *Research Design: Qualitative, Quantitative, and Mixed Methods Approaches*, Thousand Oaks, CA: Sage.

Crewell, John W. and Cheryl N. Poth (2017), *Qualitative Inquiry and Research Design: Choosing Among Five Approaches*, 4th edition, London: Sage.

Csikszentmihalyi, Mihaly, and Eugene Rochberg-Halton (1981), *The Meaning of Things: Domestic Symbols and the Self*, Cambridge, UK: Cambridge University Press.

Dalby, Liza (1983), *Geisha*, Berkeley: University of California Press.

Dalby, Liza (1998), *Kimono: Fashioning Culture*, New Haven, CT: Yale University Press.

Davenport, Millia (1952), *A History of Costume*, London: Thames and Hudson.

Davidson, Hilary (2019), *Dress in the Age of Jane Austen: Regency Fashion*, New Haven, CT: Yale University Press.

Davis, Fred (1992), *Fashion, Culture, and Identity*, Chicago, IL: University of Chicago Press.

Deleuze, Gilles, and Felix Guattari (1987), *A Thousand Plateaus: Capitalism and Schizophrenia*, St Paul, MN: University of Minnesota Press.

Denzin, Norman (ed.) (2017), *The Research Act: A Theoretical Introduction to Sociological Methods*, London: Routledge.

Detterbeck, Kimberly, Nicole LaMoreaux, and Marie Sciangula (2014), "Off the Cuff: How Fashion Bloggers Find and Use Information" in Art Documentation Journal of the Art Libraries Society of North America, Volume 33, No. 2, Fall, pp. 345–58.

Duffy, Brooke Erin (2017), *(Not)getting Paid to Do What You Love: Gender, Social Media, and Aspirational Work*, New Haven, CT, Yale University Press.

Djurda Bartlett, Shaun Cole, and Agnès Rocamora (eds.) (2013), Fashion Media: Past and Present, London: Bloomsbury.

Druesedow, Jean L. (2015), "Preface" in *The Dress Detective*, pp. 7–8, London: Bloomsbury.

Eastop, Dinah (July 26–28, 2005), "Sound Recording and Text Creation: Oral History and the Deliberately Concealed Garments Projects," in Maria Hayward and Elizabeth Kramer (eds.), *Textiles and Text: Re-establishing the Links between Archival and Object-based Research*, AHRC Research Centre for Textile Conservation and Textile Studies, Third Annual Conference, pp. 114–121, London: Archetype Publications.

Eco, Umberto (2007), "Social Life as a Sign System," in Malcolm Barnard (ed.), *Fashion Theory: A Reader*, pp. 143–147, London: Routledge.

Edwards, Lydia (2017), *How to Read a Dress: A Guide to Changing Fashion from the 16th to the 20th Century*, London: Bloomsbury.

Eicher, Joanne B. (1998), "Beaded and Bedecked Kalabari of Nigeria," in Lidia D. Sciama and Joanne B. Eicher (eds.), *Beads and Bead Makers: Gender, Material Culture and Meaning*, pp. 95–116, Oxford: Berg.

Eicher, Joanne B., Sandra Lee Evenson, and Hazel A. Lutz (eds.) (2014), *The Visible Self: Global Perspectives on Dress, Culture, and Society*, NY: Fairchild.

Eicher, Joanne B., and Mary Ellen Roach-Higgins (1992), "Definition and Classification of Dress: Implications for Analysis of Gender Roles," in Ruth Barnes and Joanne B. Eicher (eds.), *Dress and Gender: Making and Meaning in Cultural Context*, pp. 8–29, Oxford: Berg.

Entwistle, Joanne (2009), *The Aesthetic Economy of Fashion*, Oxford: Berg.

Feagin, Joe R., Anthony M. Orum, and Gideon Sjoberg (eds.) (2016), *The Case for the Case Study*, Chapel Hill, NC: University of North Carolina Press.

Femke, De Vries (2016), *Dictionary Dressings: Re-reading Clothing Definitions towards Alternative Fashion Perspectives*, Eindhoven, Onomatopee.

Ferrai, Alessandro, and Sabrina Pastorelli (2016), *The Burqa Affair Across Europe: Between Public and Private Space*, London: Routledge.

Few, Stephen (2012), *Show Me the Numbers: Designing Tables and Graphs to Enlighten*, 2nd edition, Analytics Press.

Findlay, Rose (2017), *Personal Style Blogs: Appearances That Fascinate*, London: Intellect.

Finamore, M. Tolini (2013), *Hollywood Before Glamour: Fashion in American Silent Film*, London: Palgrave Macmillan.

Fiore, Pamela (2013), "Fashion and Otherness: The Passionate Journey of Coppola's Marie Antoinette from a Semiotic Perspective," *Fashion Theory: The Journal of Dress, Body, and Culture*, November, Volume 17, Issue 5, pp. 605–622.

Flick, Uwe (2018a), *An Introduction to Qualitative Research*, Newbury Park, CA: Sage.

Flick, Uwe (2018b), *Doing Triangulation and Mixed Methods*, London: Sage.

Flugel, J. C. (1930), *The Psychology of Clothes*, London: Hogarth.

Flynn, July Zaccagnini, Judy, and Irene M. Foster (2009), *Research Methods for the Fashion Industry*, NY: Fairchild.

Ford, Tanisha (2017), *Liberated Threads: Black Women, Style, and the Global Politics of Soul*, Chapel Hill, NC: The University of North Carolina Press.

Fowler, Floyd J. (2013), *Survey Research Methods*, 3rd edition, Applied Social Research Methods Series, Volume 1, Thousand Oaks, CA: Sage.

Fujishima, Yoko, and Osamu Sakura (2018), "The Rise of Historical and Cultural Perspectives in Fashion Studies in Japan," *The International Journal of Fashion Studies*, April, Volume 5, Issue 1, pp. 197–209, London: Intellect.

Gaimster, Julia (2015), *Visual Research Methods in Fashion*, London: Bloomsbury.

Ganeva, Mila (2018), *Film and Fashion amidst the Ruins of Berlin: From Nazism to the Cold War*, NY: Camden House.

Garfinkel, Harold (1967), *Studies in Ethnomethodology*, Malden, MA: Polity Press/Blackwell Publishing.

Geertz, Clifford (1973), *The Interpretation of Cultures*, NY: Basic Books.

Geertz, Clifford, and George Marcus (1986), *Writing Culture: The Poetics and Politics of Ethnography*, Berkeley: University of California Press.

Germana, Monicaà (2019), *Bond Girls: Body, Fashion, and Gender*, London: Bloomsbury.

Giddens, Anthony (2018), *Introduction to Sociology*, NY: Norton.

Gill, Alison (2018), "Jacques Derrida: Fashion under Erasure," in *Thinking Through Fashion: A Guide to Key Theorists*, edited by Agnès Rocamora and Annette Smelik, pp. 251–268, London: I.B. Tauris.

Gilligan, Sarah (2019), *Fashion and Film: Gender, Costume, and Stardom in Contemporary Cinema*, London: Bloomsbury.

Godart, Frederic C., William W. Maddux, Andrew V. Shipilov, and Adam D. Galinsky, (2015) " Fashion with a Foreign Flair: Professional Experiences Abroad Facilitate the Creative Innovations of Organization," *The Academy of Management Journal*, Volume 58, Number 1, May, pp. 195–220.

Goffman, Erving (1959), *The Presentation of Self in Everyday Life*, NY: Doubleday Anchor.

Gokariksel, Banu, and Anna Secor (2012), "Even I was tempted: the Moral Ambivalence and Ethical Practice of Veiling-Fashion in Turkey," in the Annals of the Association of American Geographers, 102 (4), pp. 847–862.

Goldenberg, Phyllis (2010), *Writing a Research Paper: A Step-by-Step Approach*, New York: William H. Sadlier.

Granata, Francesca (2012), "Fashion studies in-between: A methodological case study and inquiry into the state of fashion studies," *Fashion Theory: The Journal of Dress, Body, and Culture*, Volume 16, Issue 1, pp. 67–82.

Hakim, Catherine (1982), *Secondary Analysis in Social Research*, Boston, MA: Unwin Hyman.

Hamilton, Jean A., and Hamilton, James W. (2008 [1989]), "Dress as a Reflection and Sustainer of Social Reality: A Cross-cultural Perspective," in Joanne B. Eicher, Sandra Lee Evenson, and Hazel A. Lutz (eds.), *The Visible Self: Global Perspectives on Dress, Culture, and Society*, pp. 141–149, NY: Fairchild.

Handley, Fiona J. L. (2005), "'I Have Bought Cloth for You and Will Deliver It Myself': Using Documentary Sources in the Analysis of the Archaeological Textile Finds from Quseir al-Qadim, Egypt," in Maria Hayward and Elizabeth Kramer (eds.), *Textiles and Text: Re-establishing the Links between Archival and Object-based Research*, pp. 10–17, London: Archetype Publications.

Hardy, Susan, and Anthony Corones, (2016), "Dress to Heal: The Changing Semiotics of Surgical Dress," in *Fashion Theory: The Journal of Dress, Body, and Culture*, February, Volume 20, Issue 1, pp. 27–49.

Harnack, Andrew, Eugene Kleppinger, and Gene Kleppinger (2001), *Online!: A Reference Guide to Using Internet Sources*, London: Bedford/St. Martin's.

Harni, E.J. (1932), "Pleasure in Disguise: The Need for Decoration and the Sense of Beauty," in *Psychological Quarterly*, Volume 1, pp. 216–264.

Harvey, John (1995), *Men in Black*, London: Reaktion.

Hayward, Maria, and Elizabeth Kramer (eds.) (2005), *Textiles and Text: Re-establishing the Links between Archival and Object-based Research*, London: Archetype Publications.

Heijin, Lee S., Christina H. Moon, and Thuy Linh Nguyen Tu (eds.) (2019) *Fashion and Beauty in the Time of Asia*, NY: NYU Press.

Heller, Sarah Grace (2007), *Fashion in Medieval France*, Cambridge, UK: D. S. Brewer.

Hempel, Susanne (2019), *Conducting Your Literature Review*, American Psychological Association.

Hiler, Hilaire (1930), *From Nudity to Raiment*, London: W. and G. Foyle.

Hill, Daniel Delis (2018), *Peacock Revolution: American Masculine Identity and Dress in the Sixties and Seventies*, London: Bloomsbury.

Hodkinson, Paul (2002), *Goth: Identity, Style and Subculture*, Oxford: Berg.

Hollander, Anne (1994), *Sex and Suits*, NY: Alfred A. Kopf.

Hollander, Anne (2001), *Fabric of Vision: Dress and Drapery in Painting*, New Haven, CT: Yale University Press.

Horn, Marilyn (1968), *The Second Skin*, Boston, MA: Houghton Mifflin.

Hoss, Stefanie (2017), The Roman Military Belt – a status symbol and object of fashion,"
in *Dress and Society: Contributions from Archaeology*, edited by Toby F Martin, and
Rosie Weetch, pp. 94–113, Havertown, PA: Oxbow Books

Jackson, Alecia Youngblood (2012), *Thinking with Theory in Qualitative Research*,
London: Routledge.

Jansen, M. Angela (2016) *Moroccan Fashion: Design, Culture, and Tradition*, London:
Bloomsbury.

Janssen, Susanne (2006), "Fashion Reporting in Cross-National Perspective 1955–2005,"
in *Poetics*, Volume 34, Issue 6, pp. 383–406.

Javis, Anthea (1998), "Letter from the Editor," in Anthea Javis (ed.), Special Issue:
Methodology, *Fashion Theory: The Journal of Dress, Body and Culture*, Volume 2,
Issue 4, pp. 299–300.

Jenss, Heike (ed.) (2016), *Fashion Studies: Research Methods, Sites, and Practices*,
London: Bloomsbury.

Jobling, Paul (2014), *Advertising Menswear: Masculinity and Fashion in the British Media
since 1945*, London: Bloomsbury.

Jobling, Paul (2016) "Roland Barthes: Semiology and the Rhetorical Codes of Fashion"
in *Thinking Through Fashion: A Guide to Key Theorists*, edited by Agnès Rocamora
and Anneke Smelik, London: I. B. Tauris.

Johnson, Kim K. P., Susan J. Torntore, and Joanne B. Eicher (2003), *Fashion
Foundations: Early Writings on Fashion and Dress*, Oxford: Berg.

Johnson, Lucy, Marion Kite, and Helen Persson (2016), *19th-Century Fashion in Detail*,
London: Thames and Hudson.

Kawamura, Yuniya (2004), *The Japanese Revolution in Paris Fashion*, Oxford: Berg.

Kawamura, Yuniya (2012), *Fashioning Japanese Subcultures*, London: Bloomsbury.

Kawamura, Yuniya (2016), *Sneakers: Fashion, Gender, and* Subculture, London:
Bloomsbury.

Kawamura Yuniya, (2018 [2005]), *Fashion-ology: An Introduction to Fashion Studies*,
2nd edition, London: Bloomsbury.

Kirke, Betty (2012 [1998]), *Madeleine Vionnet*, 3rd revised edition, San Francisco, CA:
Chronicle Books.

Ko, Dorothy (1997), "Bondage in Time: Footbinding and Fashion Theory," in *Fashion Theory:
The Journal of Dress, Body and Culture*, Volume 1, Issue 1,pp. 3–27, Oxford: Berg.

Ko, Dorothy (2007), *Cinderella's Sisters: A Revisionist History of Foot-Binding*, Berkeley:
University of California Press.

Koda, Harold (2004a), *Extreme Beauty: The Body Transformed*, NY: Metropolitan
Museum of Art.

Koda, Harold (2004b), *Goddess: The Classical Mode, The Influence of Ancient Graeco-
Roman Dress*, NY: Metropolitan Museum of Art.

Koda, Harold, and Andrew Bolton (2005), *Chanel*, NY: Metropolitan Museum of Art.

Koppen, Randy S. (2009), *Virginia Woolf, Fashion and Literary Modernity*, Edinburgh,
UK: Edinburgh University Press.

Kortsch, Christine Bayles (2016), *Dress Culture in Late Victorian Women's Fiction*,
London: Routledge.

Kramer, Elizabeth (2005), "Introduction," in Maria Hayward and Elizabeth Kramer (eds.),
Textiles and Text: Re-establishing the Links between Archival and Object-based
Research, pp. xi–xv, London: Archetype Publications.

Krause, Elizabeth L. (2018), *Tight Knit: Global Families and the Social Life of Fashion*,
Chicago, IL: University of Chicago Press.

Kretz, Gachouch (2010), "Pixelize Me: A Semiotic Approach of Self-digitilization in Fashion Blogs," *Advances in Consumer Research*, Volume 37, pp. 393–399.

Kroeber, Alfred L. (1919), "On the Principles of Order in Civilization as Exemplified by Changes of Fashion," *The American Anthropologist*, 21: 235–263.

Kroeber, Alfred L., and Jane Richardson (1940), *Three Centuries of Women's Dress Fashion: A Quantitative Analysis*, Berkeley: University of California Press.

Kumar, Ranjit (2019), *Research Methodology: A Step-by-Step Guide for Beginners*, London, UK: Sage.

Kutesko, Elizabeth (2018), *Fashioning Brazil: Globalization and the Representation of Brazilian Dress in National Geographic*, London: Bloomsbury.

Lane, Eliesh O'Neil (2009), *Institutional Review Boards: Decision-making in Human Subject Research*, Saarbrücken, Germany: VDM Verlag.

Largan, Claire, and Theresa Morris (2019), *Qualitative Secondary Analysis*, London: Sage.

Laver, James (1995 [1969]), *Concise History of Costume and Fashion*, NY: H. N. Abrams.

Lazarsfeld, Paul F., and Rosenberg, Morris (1957), *The Language of Social Research: A Reader in the Methodology of Social Research*, Glencoe, IL: Free Press Publishers.

Leavy, Patricia, and Anne Harris (2018), *Contemporary Feminist Research from Theory to Practice*, London: The Guilford Press.

Lehmann, Ulrich (2000), "Language of the PurSuit: Cary Grant's Clothes in Alfred Hitchcock's 'North by Northwest,'" in Christopher Breward (ed.), Masculinities: Special Issue, *Fashion Theory: The Journal of Dress, Body and Culture*, Volume 4, Issue 4, pp. 476–485.

Lester, Jim D., and James D. Lester (2014), *Writing Research Papers*, Englewood Cliffs, NJ: Longman.

Lillethun, Abby (2011), "Introduction," in Linda Welters and Abby Lillethun (eds.), *The Fashion Reader*, pp. 77–82, Oxford: Berg.

Lipovetsky, Gilles (1994), *The Empire of Fashion*, translated by Catherine Porter, Princeton, NJ: Princeton University Press.

Lomas, C. (2000), "'I Know Nothing about Fashion. There's No Point in Interviewing Me': The Use and Value of Oral History to the Fashion Historian," in S. Bruzzi and P. Church-Gibson (eds.), *Fashion Cultures: Theories, Explorations and Analysis*, pp. 363–370, London: Routledge.

Loren, Diana Diapaolo (2011), *The Archaeology of Clothing and Bodily Adornment in Colonial America*, Miami, FL: University Press of Florida.

Luvaas, Brent (2013), "Indonesian Fashion Blogs: On the Promotional Subject of Personal Style," in Volume 13, Issue 1, pp. 55–76.

Luvaas, Brneat (2016), *Street Fashion: An Ethnography of Fashion Blogging*, London: Bloomsbury.

Luvaas, Brent, and Joanne Eicher (eds.) (2019), *The Anthropology of Dress and Fashion*, London: Bloomsbury.

Luyt, Brendan, and Daniel Tan (2014), "Improving Wikipedia's Credibility: References and Citations in a Sample of History Articles" in *Journal of the American Society for Information Science & Technology*, Volume 61, Issue 4, pp. 715–722.

Lynch, Annette, and Mitchell D. Strauss (2014), *Ethnic Dress in the United States: A Cultural Encyclopedia*, London: Rowman and Littlefield Publishers.

Lyotard, Jean-François (1984), *The Postmodern Condition*, Minneapolis, MN: University of Minnesota Press.

Mackinney-Valentin, Maria (2018), *Fashioning Identity: Status Ambivalence in Contemporary Fashion*, London: Bloomsbury.

Mackrell, Alice (2005), *Art and Fashion: The Impact of Art on Fashion and Fashion on Art*, London: Chrysalis Books Group.

Malinowski, Bronislaw (2008 [1922]), *Argonauts of the Western Pacific: An Account of Native Enterprise and Adventure in the Archipelagoes of Melanesian New Guinea*, Whitefish, MT: Kessinger Publishing.

Manlow, Veronica (2007), *Designing Clothes: Culture and Organization of the Fashion Industry*, New Brunswick, NJ: Transaction Publishers.

Marshall, Catherine, and Gretchen B. Rossman (2015), *Designing Qualitative Research*, Newbury Park, CA: Sage.

Martin, Toby F. and Rosie Weetch (eds.) (2017), *Dress and Society: Contributions from Archaeology*, Havertown, PA: Oxbow Books.

Martin, Toby F. and Rosie Weetch (2018), "Introduction" in *Dress and Society: Contributions from Archaeology*, edited by Toby F Martin, and Rosie Weetch, pp. 3–10, Havertown, PA: Oxbow Books.

Martineau, Paul (2018), *Icons of Style: A Century of Fashion Photography*, Los Angeles, CA: J. Paul Getty Museum.

McClellan, Elizabeth (1969), *History of American Costume 1607–1800*, Clovis, CA: Tud.

McCracken, Angela B. (2014), *The Beauty Trade: Youth, Gender, and Fashion Globalization*, Oxford: Oxford University Press.

McNeil, Peter, and Giorgio Riello (2016), *Luxury: A Rich History*, Oxford, UK: Oxford University Press.

McRobbie, Angela (1998), *British Fashion Design—Rag Trade or Image Industry*, London: Routledge.

Mida, Ingrid, and Alexandra Kim (2015), *The Dress Detective*, London: Bloomsbury.

Mikhaila, Ninya, and Jane Malcolm-Davies (2005), "What Essex Man Wore: An Investigation into Elizabethan Dress Recorded in Wills 1558–1603," in Maria Hayward and Elizabeth Kramer (eds.), *Textiles and Text: Re-establishing the Links between Archival and Object-based Research*, pp. 18–22, London: Archetype Publications.

Miller, Daniel (1997), *Material Culture and Mass Consumption*, NY: Wiley-Blackwell.

Miller, Daniel (2005), "Introduction," in Susanne Küchler and Daniel Miller (eds.), *Clothing as Material Culture*, pp. 1–19, Oxford: Berg.

Mills, C. Wright (2000 [1959]), *The Sociological Imagination*, Oxford: Oxford University Press.

Modern Language Association of America (2016), *MLA Handbook*, 8th edition.

Montesquieu, Charles de Secondat (1973 [1721]), *Persian Letters*, trans. C. J. Betts, London: Penguin Books.

Moon, Christina H. (2016), "Ethnographic Entanglements: Memory and Narrative in the Global Fashion Industry," in *Fashion Studies: Research Methods, Sites, and Practices*, pp. 66–82, London: Bloomsbury.

Moore, Doris Langley (1949), *The Woman in Fashion*, London: Batsford.

Moore, Madison (2018), *Fabulous: the Rise of the Beautiful Eccentric*, New Haven, CT: Yale University Press.

Mora, Emanuela, and Agnès Rocamora (2015), "Letter from the Editors: Analyzing Fashion Blogs-Further Avenues for Research," Special Edition in Fashion Theory, Volume 19, Issue 2, pp. 149–156, London: Francis and Taylor.

Mothe, Josiane, and Gilles Sahut (2018), "How Trust in Wikipedia Evolves: A Survey of Students Aged 11 to 25" in *Information Research: An International Electronic Journal*, Volume 23, Number 1, March, pp. 1–29.

Muggleton, David (2000), *Inside Subculture: The Postmodern Meaning of Style*, Oxford: Berg.

Nardi, Peter M. (2018), *Doing Survey Research*, 4th edition, London: Routledge.

Neuman, W. Lawrence (2019), *Social Research Methods: Qualitative and Quantitative Approaches*, 8th edition, Boston: Allyn and Bacon.

Nicklas, Charlotte, and Annebella Pollen (2015), *Dress History: New Directions in Theory and Practice*, London: Bloomsbury.

Niessen, Sandra, and Anne Brydon (1998), "Introduction: Adorning the Body," in *Consuming Fashion: Adorning the Transnational Body*, edited by Sandra Niessen and Anne Brydon, pp. ix–xvii, Oxford: Berg.

Niessen, Sandra (2018), "Afterword: Fashion's Fallacy," in *Modern Fashion Traditions*, edited by Jennifer Craik and M. Angela Jansen, pp. 209–227, London: Bloomsbury.

North, Susan (2018), *18th-Century Fashion in Detail*, London: Thames and Hudson.

O'Connor, Kaori (2005), "The Other Half: The Material Culture of New Fibres," in Susanne Küchler and Daniel Miller (eds.), *Clothing as Material Culture*, pp. 41–60, Oxford: Berg.

Olajide, Oladele Patrick (2018), "Social Influence and Consumer Preference for Fashion Clothing among Female Undergraduate in Nigeria," in *Gender and Behavior*, December, Volume 16, Issue 3, pp. 11984–11993.

Palmer, Alexandra (1997), "New Directions: Fashion History Studies and Research in North America and England," in *Fashion Theory: The Journal of Dress, Body and Culture*, Volume 1, Issue 3, pp. 297–312, Oxford: Berg.

Palmer, Alexandra (2001), *Couture and Commerce: Transatlantic Fashion Trade in the 1950s*, Vancouver: University of British Columbia Press.

Palmer, Alexandra (2018), *Christian Dior: History and Modernity 1947–1957*, Toronto, ON, Canada: Royal Ontario Museum.

Palmer, Alexandra (2019), *Dior: A New Look, A New Enterprise*, London: V&A Publishing.

Paulicelli, Eugenia (2016), *Italian Style: Fashion and Film from Early Cinema to the Digital Age*, London: Bloomsbury.

Pearce, Susan (1992), *Museum Objects and Collections*, London: Continuum International Publishing.

Pedersen, Elaine L., Sandra S. Buckland, and Christina Bates (2008–2009), "Theory and Dress Scholarship: A Discussion on Developing and Applying Theory," *Dress: The Annual Journal of the Costume Society of America*, 35: 71–85.

Perrot, Philippe (1994), *Fashioning the Bourgeoisie: A History of Clothing in the Nineteenth Century*, trans. Richard Bienvenu, Princeton, NJ: Princeton University Press.

Peters, Lauren Downing, and Marco Pecorari(eds.) (2018), "Special Edition: The State of Fashion Studies," in *the International Journal of Fashion Studies*, Volume 5, Issue 1, pp. 7–13.

Poynter, Ray (2010), *The Handbook of Online and Social Media Research: Tools and Techniques for Market Researchers*, West Sussex, UK: Wiley.

Quicherat, J. (1877), *Histoire du costume en France depuis les temps les plus reculés juau'a la fin de XVIII siècle*, Paris: Librairie Hachette et Cie.

Racinet, Albert Charles (1888), *Le costume historique*, Paris: firmin-Didot.

Radcliffe-Brown, Sir A. R. (1922), *The Andaman Islanders*, Cambridge, UK: Cambridge University Press.

Rainho, Maria Do Carmo Teixeira, and Maria Cristina Volpi (2018), "Looking at Brazilian Fashion Studies: Fifty Years of Research and Teaching," in *the International Journal of Fashion Studies*, Volume 5, Issue 1, pp. 211–226.

Rea, Louis M., and Richard A. Parker (2014), *Designing and Conducting Survey Research: A Comprehensive Guide*, Hoboken, NJ: Jossey-Bass.

Rees-Roberts, Nick (2019), *Fashion Film: Art and Advertising in the Digital Age*, London: Bloomsbury.

Remaury, Bruno (ed.) (1996), *Dictionnaire de la mode au XXe siècle*, Paris: Editions du Regard.

Renne, Elisha (2018), *Veils, Turbans and Islamic Reform in Northern Nigeria*, Indiana University Press.

Ribeiro, Aileen (1998), "Re-fashioning Art: Some Visual Approaches to the Study of the History of Dress," in Anthea Javis (ed.), Special Issue: Methodology, *Fashion Theory: The Journal of Dress, Body and Culture*, Volume 2, Issue 4, pp. 315–326.

Ritchie, Jane (2013), *Qualitative Research Practice: A Guide for Social Science Students and Researchers*, 2nd edition, London: Sage.

Ritzer, George (1981), *Toward an Integrated Sociological Paradigm*, Boston, MA: Allyn and Bacon.

Roach-Higgins, Mary, and Joanne Eicher (1973), *The Visible Self: Perspectives on Dress*, Engle-wood Cliffs, NJ: Prentice-Hall.

Rocamora, Agnès (2001), "High Fashion and Pop Fashion: The Symbolic Production of Fashion in *Le Monde* and *The Guardian*," in *Fashion Theory: The Journal of Dress, Body and Culture*, Volume 5, Issue 2, pp. 123–142.

Rocamora, Agnès, and Smelke (eds.) (2016), *Thinking Through Fashion*, London: I. B. Tauris.

Rocamora, Agnès (2017), "Mediatization and Digital Media in the Field of Fashion," in *Fashion Theory: The Journal of Dress, Body, and Culture*, Volume 21, Issue 5, pp. 505–522.

Roche, Daniel (1994), *The Culture of Clothing: Dress and Fashion in the Ancien Regime*, trans. Jean Birrell, Cambridge, UK: Cambridge University Press.

Rodger, Gillian M. (2018), *Just One of the Boys: Female-to-Female Cross-Dressing on the American Variety Stage*, University of Illinois Press.

Rose, Clare (2005), "Bought, Stolen, Bequeathed, Preserved: Sources for the Study of 18th-century Petticoats," in Maria Hayward and Elizabeth Kramer (eds.), *Textiles and Text: Re-establishing the Links between Archival and Object-based Research*, pp. 114–121, London: Archetype Publications.

Royo, Alessandra Lopez y (2019), *Contemporary Indonesian Fashion: Through the Looking Glass*, London: Bloomsbury.

Rosencranz, Mary Lou (1965), *Clothing Concepts: A Social-psychological Approach*, NY: Macmillan.

Rousseau, Jean-Jacques (1997 [1750]), *Discours sur les sciences et les arts*, Paris: Gallimard.

Ryan, Mary Shaw (1966), *Clothing: A Study in Human Behavior*, NY: Holt, Rinehart & Winston.

Salganik, Matthew (2017), *Bit by Bit: Social Research in the Digital Age*, New Haven, CT: Princeton University.

Sapir, Edward (1931), "Fashion," *Encyclopedia of the Social Sciences*, Volume 6, pp. 139–144, London: Macmillan.

Saussure, Ferdinand de (1966 [1916]), *Course in General Linguistics*, translator unknown, NY: McGraw-Hill.

Sciama, Lidia D., and Eicher, Joanne B. (eds.) (1998), *Beads and Bead Makers: Gender, Material Culture and Meaning*, Oxford: Berg.

Schafer, Dagmar, Giorgio Riello, and Luca Mola (2018), *Threads of Global Desire: Silk in the Pre-modern World*, Woodbridge, NJ: Boydell Press.

Sears, Clare (2014), *Arresting Dress: Cross-Dressing Law, and Fascination in Nineteenth Century*, San Francisco, CA: Duke University Press.

Seidman, Irving (2013), *Interviewing as Qualitative Research: A Guide for Researchers in Education and the Social Sciences*, NY: Teachers College Press.

Sheehan, Elizabeth M. (2018), *Modernism a la Mode: Fashion and the Ends of Literature*, Cornell University Press.

Shephard, John Roberts (2019), *Footbinding as Fashion: Ethnicity, Labor, and Status in Traditional China*, Seattle, WA: University of Washington Press.

Shin, Kristine (ed.) (2008–), *The International Journal of Fashion Design, Technology and Education*, London: Francis and Taylor.

Shinkle, Eugenie (2017), "The Feminine Awkward: Graceless Bodies and the Performance of Femininity in Fashion Photographs," in *Fashion Theory: The Journal of Dress, Body, and Culture*, March, Volume 21, Issue 2, pp. 201–217.

Shukla, Pravina (2007), *The Grace of Four Moons: Dress, Adornment and the Art of Body in Modern India*, Bloomington, IN: Indiana University Press.

Shukla, Pravia (2008), "Evaluating Saris: Social Tension and Aesthetic Complexity in the Textile of Modern India," in *Western Folklore*, Volume 67, Issue 2/3, pp. 163–178.

Shukla, Pravia (2015a), *Costume: Performing Identities through Dress*, Bloomington, IN: Indiana University Press.

Shukla, Pravina (2015b), "The Future of Dress Scholarship: Sartorial Autobiographies and the Social History of Clothing," *Dress: Costume Society of America*, Volume 41, Issue 1, pp. 53–68.

Simmel, Georg (1957, May [1904]), "Fashion," *American Journal of Sociology*, Volume 62, Issue 6, pp. 541–558.

Sikarskie, Amanda Grace (2018), *Textile Collections: Preservation, Access, Curation, and Interpretation in the Digital Age*, Lanham: Rowman and Littlefield.

Skageby, Jorgen (2010), "Online Ethnography Methods: Towards a qualitative understanding of virtual community practices" in *Handbook of Research on Methods and Techniques for Studying Virtual Communities: Paradigms and Phenomena*, Publisher IGI Global; pp. 410–428.

Smelik, Annette (2018), "Gilles Deleuze: Bodies-without-Organs in the Folds of Fashion" in *Thinking Through Fashion: A Guide to Key Theorists*, edited by Agnès Rocamora and Anneke Smelik, pp. 165–183, London: I. B. Tauris.

Snyder, Johnny (2013), "Wikipedia: Librarians' Perspectives on Its Use as a Reference Source," in *Reference & User Services Quarterly*, Volume 53, No. 2, pp. 155–163, American Library Association.

Sokolowski, Robert (1999), *Introduction to Phenomenology*, Cambridge, UK: Cambridge University Press.

Spooner, Catherine (2004), *Fashioning Gothic Bodies*, Manchester, UK: Manchester University Press.

Stebbins, Robert Alan (2001), *Exploratory Research in the Social Sciences: Qualitative Research Methods*, London: Sage.

Steele, Valerie (1985), *Fashion and Eroticism: Ideals of Feminine Beauty from the Victorian Era through the Jazz Age*, London: Oxford University Press.

Steele, Valerie (2003), *The Corset: A Cultural History*, New Haven, CT: Yale University Press.

Steele, Valerie (2017), *Paris Fashion: A Cultural History*, London: Bloomsbury.

Stokes, Jane C. (2012), *How to Do Media and Cultural Studies*, London: Sage.

Stone, Gregory (1962), "Appearance and the Self," in Arnold Rose (ed.), *Human Behavior and Social Processes*, pp. 86–118, Boston: Houghton Mifflin.

Sullivan, Anthony (2018), "Karl Marx: Fashion and Capitalism," in *Thinking Through Fashion: A Guide to Key Theorists*, edited by Agnès Rocamora and Annette Smelik, pp. 28–45, London: I.B. Tauris.

Sumner, William Graham (1940 [1906]), *Folkways: A Study of the Sociological Importance of Usages, Manners, Customs, Mores, and Morals*, Boston, MA: Ginn and Company.

Sur, Piyali (2017), "Beauty and the Internet: Old Wine in a New Bottle," *Journal of International Women's Studies*, Volume 18, Issue 4, pp. 278–291.

Tarde, Gabriel (1903), *The Laws of Imitation*, trans. Elsie C. Parsons, NY: Henry Holt.

Tarlo, Emma (1996), *Clothing Matters: Dress and Identity in India*, Chicago, IL: University of Chicago Press.

Tarlo, Emma (2010), *Visibly Muslim: Fashion, Politics, Faith*, Oxford: Berg.

Tarlo, Emma, and Annelies Moors (eds.) (2013), *Islamic Fashion and Anti-Fashion*, London: Bloomsbury.

Tarlo, Emma (2016), *Entanglement: the Secret Lives of Hair*, London: Oneworld Publishing.

Taylor, George R. (ed.) (2010), *Integrating Quantitative and Qualitative Methods in Research*, 2nd edition, Lanham, MD: University Press of America.

Taylor, Lou (1998), "Doing the Laundry: A Reassessment of Object-based Dress History," in *Fashion Theory: The Journal of Dress, Body and Culture*, Volume 2, Issue 4, pp. 337–358.

Taylor, Lou (2002), *The Study of Dress History*, Manchester, UK: Manchester University Press.

Taylor, Lou (2004), *Establishing Dress History*, Manchester, UK: Manchester University Press.

Theatre de la Mode, The (1991), Documentary Video, Telos Production.

Thibaul, Paul J. (2013), *Re-reading Saussure: The Dynamics of Signs in Social Life*, London: Routledge.

Thompson, Cheryl (2019), *Beauty in a Box: Detangling the Roots of Canada's Black Beauty Culture*, Ontario, Canada: Wilfrid Laurier University Press.

Thompson, Steven K. (2012), *Sampling*, Hoboken, NJ: Wiley-Interscience.

Ting, M. S., Y. N. Goh, and Isa S. Mohd (2018) "Inconspicuous Consumption of Luxury Fashion Good among Malaysia Adults: An Investigation," *Global Business and Research Management: An International Journal*, Volume 10, No. 1, pp. 313–329.

Toennies, Ferdinand (1961 [1909]), *Custom: An Essay on Social Codes*, trans. A. F. Borenstein, NY: Free Press.

Tortora, Phyllis G., and Keith Eubank (2009), *Survey of Historic Costume*, NY: Fairchild.

Trumbull, Michael (2005), "Qualitative Research Methods," in George R. Taylor (ed.), *Integrating of Quantitative and Qualitative Methods in Research*, pp. 101–126, Lanham, MD: University Press of America.

Tseëlon, Efrat (1994), "Fashion and Signification in Baudrillard," in Douglas Kellner (ed.), *Baudrillard: A Critical Reader*, pp. 119–132, Oxford: Basil Blackwell.

Tseëlon, Efrat (2001), "Fashion Research and Its Discontents," in *Fashion Theory: The Journal of Dress, Body and Culture*, Volume 5, Issue 4, pp. 435–452, Oxford: Berg.

Tseëlon, Efrat (2018), "Jean Baudrillard: Post-modern Fashion as the End of Meaning," *Thinking Through Fashion: A Guide to Key Theorists*, edited by Agnès Rocamora and Anneke Smelik, pp. 215–232, London: I.B. Tauris.

Tulloch, Carol (ed.) (2002), "Special Issue: Fashion and Photography" in *Fashion Theory: The Journal of Dress, Body, and Culture*, Volume 6, Issue 1, Oxford: Berg.

Turner, Jonathan H. (2013), *Theoretical Sociology*, London, UK: Sage.

Turney, Jo (2005), "(Ad)Dressing the Century: Fashionability and Floral Frocks," in Maria Hayward and Elizabeth Kramer (eds.), *Textiles and Text: Re-establishing the Links between Archival and Object-based Research*, pp. 58–64, London: Archetype Publications.

University of Chicago Press, (2015), *Chicago Manual Style*.

Valkenburg, Patti M., and Jessica Taylor Piotrowski (2017), *Plugged In: How Media Attract and Affect Youth*, New Haven, CT: Yale University Press.

Vänskä, Annamari (2017), *Fashionable Childhood: Children in Advertising*, Translated by Eva Malkki, London: Bloomsbury.

Vaus, David De (2013), *Surveys in Social Research*, London: Routledge.

Veblen, Thornstein (1957 [1899]), *The Theory of Leisure Class*, London: Allen and Unwin.

Vincent, Susan (ed.) (2017), *A Cultural History of Dress and Fashion*, London: Bloomsbury.

Wallenberg, Louise (2018), "A Decade of Challenges and Possibilities: Establishing Fashion Studies at Stockholm University," in the *International Journal of Fashion Studies*, Volume 5, Issue 1, pp. 169–180.

Weber, Caroline (2018), *Proust's Duchess: How Three Celebrated Women Captured the Imagination of Fin-de-Siècle Paris*, NY: Knopf.

Weber, Max (1949), *The Methodology of the Social Sciences*, NY: Free Press.

Weber, Max (1968), *Economy and Society: An Outline of Interpretive Sociology*, NY: Bedminster Press.

Weber, Max (1978 [1909]), *Economy & Society*, Volume 1, edited by Guenther Roth and Claus Wittich, Berkeley: University of California Press.

Welborne, Bozena C., Aubrey L. Westfall, Özge Çelik Russell, and Sarah A. Tobin (2018), *The Politics of the Headscarf in the United States*, Ithaca, NY: Cornell University Press.

Welch, Evelyn (ed.) (2017), *Fashioning the Early Modern: Dress, Textiles, and Innovation in Europe 1500–1800*, London: Oxford University Press.

Welters, Linda, and Abby Lillethun (eds.), (2011) *The Fashion Reader*, Oxford: Berg.

Welters, Linda, and Abby Lillethun (2018), *Fashion History: A Global View*, London: Bloomsbury.

Williamson, Judith (2010), *Decoding Advertisements: Ideology and Meaning in Advertising*, London: Boyars.

Wilkin, Neil (2017), "Combination, Composition and Context: Readdressing British Middle Bronze Age Ornament Hoards (c. 1400-1100 cal. BC)," in *Dress and Society: Contributions from Archaeology*, edited by Toby F Martin, and Rosie Weetch, pp. 14–47, Havertown, PA: Oxbow Books

Wilson, Elizabeth (1985), *Adorned in Dreams: Fashion and Modernity*, Berkeley: University of California Press.

Winge, Theresa M. (2018), *Costuming Cosplay: Dressing the Imagination*, London: Bloomsbury.

Worth, Rachel (2019), *Clothing and Landscape in Victorian England: Working-Class Dress and Rural Life*, London: Bloomsbury.

Young, Agnes B. (1937), *Recurring Cycles of Fashion*, NY: Harper and Brothers.

Zotte, Jennifer Le (2017), *From Goodwill to Grunge: A History of Secondhand Styles and Alternative Economies*, Chapel Hill, NC: The University of North Carolina Press.

图书在版编目（CIP）数据

时尚与服饰研究：质性研究方法导论/(日)川村
由仁夜著；袁辉译. -- 重庆：重庆大学出版社，
2021.10
（万花筒）
书名原文：DOING RESEARCH IN FASHION AND DRESS：
An Introduction to Qualitative Methods
ISBN 978-7-5689-2890-8

Ⅰ.①时…　Ⅱ.①川…　②袁…　Ⅲ.①时装—历史—
世界　Ⅳ.①TS941-091

中国版本图书馆CIP数据核字（2021）第141534号

时尚与服饰研究——质性研究方法导论
SHISHANG YU FUSHI YANJIU —— ZHIXING YANJIU FANGFA DAOLUN

〔日〕川村由仁夜　著
袁　辉　译

策划编辑：张　维
责任编辑：文　鹏　黄菊香
责任校对：刘志刚
责任印制：张　策
书籍设计：崔晓晋

重庆大学出版社出版发行
出版人：饶帮华
社址：（401331）重庆市沙坪坝区大学城西路21号
网址：http://www.cqup.com.cn
印刷：天津图文方嘉印刷有限公司

开本：890mm×1240mm　1/32　印张：7　字数：162千
2021年10月第1版　2021年10月第1次印刷
ISBN 978-7-5689-2890-8　定价：99.00元

版贸核渝字（2020）第222号